高等职业教育新形态系列教材
职业教育国家在线精品课程

零件数控铣削加工

主　编　宋理敏　贾　磊

参　编　李粉霞　张子祥　吕玉兰

主　审　董海涛　高晓芳

北京理工大学出版社
BEIJING INSTITUTE OF TECHNOLOGY PRESS

内 容 简 介

本书根据企业对数控技术专业人才的能力要求、学生的特点和知识结构，参照数控铣工国家职业技能标准编写，由主教材＋工作页组成。通过基础训练→技能提升→拓展创新三个教学项目为引领，设计了七个工作任务，使学生在完成任务的过程中，掌握数控铣床/加工中心的操作、零件数控铣削加工工艺文件的制订、零件程序编制、数控仿真、零件加工以及相关的理论知识。主教材知识库，便于学生自学查阅；工作页，全方位模拟企业岗位真实工作过程，引导学生者学习和进行实践操作。

教材项目引领、任务驱动，工学结学、学教互融，充分体现职业类型教育的特色，数字化教学资源、配套国家级精品在线课程在促进学生自主、探究学习的同时，最大限度地使学生乐学易学。

本书可作为高等院校、高职院校数控技术、机械制造、模具制造等相关专业的教材，也可供从事数控技术和相关专业工程技术人员参考使用。

图书在版编目（CIP）数据

零件数控铣削加工 / 宋理敏，贾磊主编. －－ 北京 ：北京理工大学出版社，2023.2（2023.3 重印）
ISBN 978 － 7 － 5763 － 2116 － 6

Ⅰ．①零… Ⅱ．①宋… ②贾… Ⅲ．①机械元件 － 数控机床 － 铣削 Ⅳ．①TH13②TG547.06

中国国家版本馆 CIP 数据核字（2023）第 032378 号

出版发行／北京理工大学出版社有限责任公司
社　　址／北京市海淀区中关村南大街 5 号
邮　　编／100081
电　　话／（010）68914775（总编室）
　　　　　（010）82562903（教材售后服务热线）
　　　　　（010）68944723（其他图书服务热线）
网　　址／http：//www. bitpress. com. cn
经　　销／全国各地新华书店
印　　刷／三河市天利华印刷装订有限公司
开　　本／787 毫米×1092 毫米　1/16
印　　张／17.25　　　　　　　　　　　　　　责任编辑／张鑫星
字　　数／369 千字　　　　　　　　　　　　文案编辑／张鑫星
版　　次／2023 年 2 月第 1 版　2023 年 3 月第 2 次印刷　　责任校对／周瑞红
定　　价／49.80 元　　　　　　　　　　　　责任印制／李志强

图书出现印装质量问题，请拨打售后服务热线，本社负责调换

前　　言

本书根据企业对数控技术专业人才的能力要求以及学生的特点和知识结构，参照《数控铣工》国家职业技能标准，以"工学结合、知行合一、岗课赛证融合"的人才培养模式为出发点，结合编者多年的教学和实践经验编写而成。同时本书也是"零件的数控铣削加工"国家精品在线课程配套资源教材。

"零件的数控铣削加工"课程是数控技术专业的专业核心课程，着重于对学生进行专业基本功和职业岗位能力的训练，该课程的实施基于企业岗位真实工作情景，同时引入信息化教学手段，线上线下相结合，适合采用理实一体化教学方式进行。作为该课程的配套教材，与普通教材相比，本书有以下特点：

1. 编写思路上采用"项目引领、任务驱动、行动导向"的方式。

通过对课程教学内容的优化整合，以《数控铣工》国家职业技能标准为依据，结合学生的认识规律和企业岗位工作实际情景，采用三个项目贯穿全书，通过完成大项目中的每个小任务来达到使学生掌握知识、提升技能和培养职业能力的目的，体现"教学做"一体化。

2. 内容组织上遵循学生职业认知发展规律，由易到难、由简到繁、步步递进。

三个项目涵盖数控铣削加工的所有知识点和技能点，针对性强、实用性高。每个项目由多个任务组成，各任务编排有一定的逻辑性，知识技能上层层递进，且各任务保持相对独立。开始项目中任务解读和提示较为详细，随着学习的深入，解读和提示越来越少，有利于充分发挥学生的主动性和创造性。

3. 教学实施采用项目化教学法，基于岗位工作过程，注重实际操作。

以职业情景中展开的实践教学活动为主线，以完成工作任务为驱动，将理论知识贯穿其中，学生在完成工作任务的过程中熟悉岗位工作流程，掌握技能、获得新知，提高职业素养，形成综合职业能力，达成教学目标。

4. 配套教学资源全面、丰富。

为便于学习者自学和教师对在校学生开展线上线下混合式教学，本书配备国家精品在线课程 https://www.xueyinonline.com/detail/232548949，书中也配备教学视频二维码，使个性化教学、碎片化学习更易掌控。

全书有三个项目七个工作任务，由山西机电职业技术学院宋理敏担任第一主编并负责统稿，中国工程物理研究院材料研究所贾磊担任第二主编并负责校稿，山西机电职业技术学院李粉霞、张子祥、吕玉兰参与了本书的编写。其中，李粉霞编写项目一中的 1.1.1～1.1.3；贾磊编写项目三中的 3.1.2 和 3.2.4～3.2.5；其余内容由宋理敏编写；张子祥、吕玉兰负责制作本书的电子资源；山西机电职业技术学院董海涛和高晓芳担任主审,负责对全书进行审核。本书在编写过程中借鉴了国内外同行的最新资料与文献,在此表示感谢。

本书既可作为高等院校、高职院校数控技术、机械制造、模具制造等相关专业的教材,也可供从事数控技术和相关专业工程技术人员参考与自学使用,还可作为学生参加数控铣削加工技能大赛培训教材。

由于时间紧迫和编者水平有限,书中难免有疏漏之处,恳请广大读者给予批评指正。

编　者

目　　录

项目一　数控铣床/加工中心工艺系统认识及其使用

任务 1.1　六面体零件的安装与找平

1.1.1　数控铣床/加工中心概述

1. 数控铣床/加工中心结构、类型及加工对象

1）数控铣床/加工中心基本结构

数控铣床是在一般铣床的基础上发展起来的一种自动加工设备，是机械加工中最常用和最主要的数控加工设备之一，可以进行平面铣削、平面型腔铣削、外形轮廓铣削、三维及以上复杂型面铣削，还可以进行钻削、镗削、攻丝等孔加工和螺纹切削。加工中心是在数控铣床的基础上产生和发展起来的一种功能较全面的数控机床，具有与数控铣床类似的结构特点，配备了刀库及自动换刀装置，具有自动换刀功能，可以在一次定位装夹中实现对零件的铣、钻、镗、螺纹加工等多工序自动加工，可以大大缩短机床上零件的装卸时间和更换刀具的时间，集多轴、复合、高速、高精于一体，是当代数控机床的发展方向。下面以图 1-1 所示立式加工中心的结构为例对加工中心的结构组成部分进行简单的介绍。

目前世界各国出现了各种类型的数控铣床/加工中心，虽然外形结构各异，但总体来看主要由以下几部分组成。

（1）基础部件。它是数控机床的基础结构，由床身、立柱和工作台等组成，它们主要承受加工中心的静载荷以及在加工时产生的切削负载，因此必须要有足够的刚度，这些大件可以是铸铁件也可以是焊接而成的钢结构件，它们是数控机床上体积和质量最大的部件。

（2）主轴部件。由主轴箱、主轴电动机、主轴和主轴轴承等零件组成，主轴的启停和变速等动作均由数控系统控制，并且通过装在主轴上的刀具参与切削运动，是切削加工的功率输出部件。

（3）数控系统。由 CNC 装置、可编程控制器、伺服驱动装置以及操作面板等组成，它是执行顺序控制动作和完成加工过程的控制中心。

（4）自动换刀系统（加工中心具备）。由刀库、刀具交换机构（如机械手）等部件组成，当需要换刀时，数控系统发出指令，由刀具交换机构实现刀库和主轴上刀具的交换。

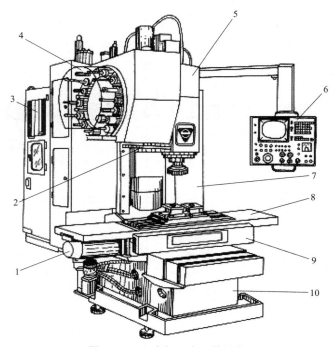

图 1－1　立式加工中心的结构

1—进给伺服电动机；2—换刀机械手；3—数控柜；4—刀库；5—主轴箱；
6—操作面板；7—电控柜；8—工作台；9—滑枕；10—床身

（5）辅助装置。包括润滑、冷却、排屑、防护、液压、气动和检测系统等部分，这些装置虽然不直接参与切削运动，但对完成切削加工以及零件的加工效率、加工精度和可靠性起着保障作用，因此也是数控机床不可缺少的部分。

2）数控铣床/加工中心的类型及加工对象

按主轴与工作台相对位置分类：

（1）立式数控铣床/立式加工中心。其主轴轴线与工作台垂直，如图 1－2 所示。工作台为长方形，一般不带转台，仅做顶面加工，主要适用于加工板类、盘类、模具及小型壳体类复杂零件。

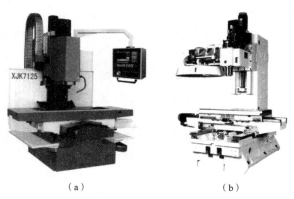

（a）　　　　　　　　　　　　　　（b）

图 1－2　立式数控铣床/加工中心

（a）立式数控铣床；（b）立式加工中心

优点：结构简单，占地面积小，价格相对较低，装夹方便，调试程序容易，应用广泛。

缺点：不能加工过高的零件，在加工开腔或下凹的型面时切屑不易排除，严重的会损坏刀具，影响加工表面质量。

（2）卧式数控铣床/加工中心。其主轴轴线与工作台平行，如图1-3所示。一般具有分度转台或数控转台，工件一次装夹后可完成除安装面和顶面以外的四个侧面的加工，也可做多个坐标的联合运动，以便加工复杂的空间曲面，主要适用于加工箱体类零件。

（a）   （b）

图1-3 卧式数控铣床/加工中心

（a）卧式数控铣床；（b）卧式加工中心

优点：加工时排屑容易，可以减少工件装夹次数。

缺点：与立式数控铣床/加工中心相比，卧式数控铣床/加工中心在调试程序及试切时不宜观察，零件装夹和测量不方便，结构较复杂，占地面积大，价格较高。

（3）复合加工中心（又称万能加工中心）。其具有立式加工中心和卧式加工中心的功能，工件一次安装后能完成除安装面以外的所有侧面和顶面等五个面的加工。一般有两种形式，如图1-4所示：一种是主轴可以旋转90°，可以进行立卧加工；另一种是其主轴不改变方向，而由工作台带着工件旋转90°，完成工件五个面的加工。复合加工中心主要适合加工精度高的复杂曲面零件，目前是解决叶轮、叶片、船用螺旋桨、发电机转子及大型柴油机曲轴等零件加工的唯一手段。

（a）   （b）

图1-4 复合加工中心

（a）主轴摆动（摆头-转台加工中心）；（b）工作台摆动（双转台加工中心）

优点：这种加工方式可以最大限度地减少工件的装夹次数，减小工件的形位误差，从而提高生产效率，降低加工成本。

缺点：结构复杂，成本高，占地面积大，使用率不高。

当然还可从其他角度对数控铣床/加工中心进行分类，如按其运动坐标数和同时控制的坐标数分：有三轴二联动、三轴三联动、四轴三联动、五轴四联动、六轴五联动等。三轴、四轴是指数控铣床/加工中心具有的运动坐标数，联动是指控制系统可以同时控制运动的坐标数，从而实现刀具相对工件的位置和速度控制。

2. 数控铣床/加工中心常见的数控系统

数控系统是数控铣床/加工中心的控制指挥中心，是数控机床的核心部件，如图 1-5 所示，数控系统根据输入装置送来的信息（程序指令），经过数控装置中的控制和逻辑电路进行译码、运算（插补运算）和逻辑处理后，向伺服驱动装置和辅助控制装置发出信息，控制机床本体机构动作，加工出需要的零件。

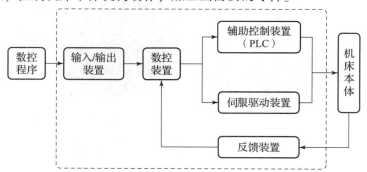

图 1-5 数控系统组成示意图

数控铣床/加工中心配置的数控系统不同，其功能和性能也有所差异，目前常用的国外数控系统有：日本的法那科（FANUC）0i、18i、25i 系列；德国的西门子（SINU-MERIK）802D 、810D、840D、828D 系列，日本三菱 M64SM、M64AS、E60、M70 系列；德国的海德汉系统；美国哈斯 HAAS 等，这些数控系统和相关产品在国内数控机床行业占有率较高。随着我国数控系统生产与研制的飞速发展，国产数控系统也逐渐占领一定的空间，如华中数控系统、广州数控系统和北京凯恩帝数控系统等。

1.1.2 数控铣床/加工中心的坐标系统

要确定机床的运动，判断移动的方向和距离，首要任务就是确定机床的坐标系。

1. 机床基本坐标系

为了便于编程时描述机床的运动，简化程序的编制方法、保证程序的通用性、说明机床的空间位置，ISO 和我国均已出台相关标准，明确规定了数控机床的坐标系和运动方向。

1）标准机床坐标系的规定

标准的机床坐标系是一个右手笛卡儿直角坐标系，如图 1-6 所示，图中大拇指的指向为 X 轴的正方向；食指指向为 Y 轴的正方向；中指指向为 Z 轴的正方向，这个坐标系的各个坐标轴与机床的主要导轨相平行。根据右手螺旋法则，围绕 X、Y、Z 轴的旋转运动用 A、B、C 表示，如图 1-7 所示。

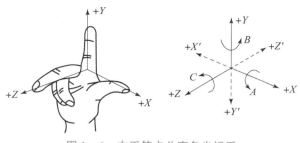

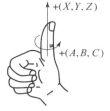

图 1-6   右手笛卡儿直角坐标系   图 1-7   右手螺旋法则

加工运动主要是刀具与工件间的相对运动。对于具体机床,有的是刀具移动,有的是工件移动。上述坐标轴的正方向,是假定工件不动,刀具相对于工件做进给运动的方向。当考虑工件移动时,则用加"′"的字母表示。根据相对运动的关系,加"′"和不加"′"的字母所表示的运动方向正好相反。

2)运动方向的确定

遵循刀具相对于静止的工件而运动的原则,即永远假定工件不动,刀具相对于静止的工件而运动。这一原则使编程人员能够在不知道刀具运动还是工件运动的情况下只需依据零件图纸即可进行数控加工程序的编制。

3)各坐标方向的规定

刀具远离工件的移动方向为坐标轴的正方向。

2. 机床各坐标轴的确定

1)Z 坐标轴的确定

Z 坐标的运动由传递切削力的主轴所决定,与主轴轴线重合或平行的坐标轴即为 Z 轴,对于铣床、镗床、钻床等是主轴带动刀具旋转;对于车床、磨床和其他成形表面的机床是主轴带动工件旋转。如果机床无主轴(如数控龙门刨床),则 Z 坐标轴垂直于工件装夹平面。

2)X 坐标轴的确定

X 坐标运动一般是水平的,它平行于工件的装夹平面,是刀具或工件定位平面内运动的主要坐标。在无主轴的机床上(如牛头刨床)X 坐标平行于主要切削方向,以该主切削力方向为正方向;对于工件旋转的机床(如车床、磨床等),X 坐标方向是在工件的径向上,而且平行于横向滑座,以刀具离开工件回转中心的方向为其正方向,如图 1-8 所示;对于刀具旋转的机床(如铣床、镗床等),若 Z 坐标轴是水平的(主轴是卧式的),当由主要刀具主轴向工件看时,向右为 +X 运动方向,若 Z 坐标轴是垂直的(主轴是立式的),面对机床主轴看立柱,向右为 +X 运动方向,如图 1-9 所示。

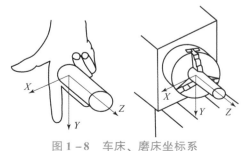

图 1-8   车床、磨床坐标系

3）Y坐标轴的确定

正向Y坐标的运动，根据X和Z的运动，按照右手笛卡儿坐标系来确定。

4）旋转运动坐标

A、B、C相应地表示其轴线平行于X、Y、Z的旋转运动。A、B、C的正向为在相应X、Y、Z坐标正向上按照右手螺旋法则取右旋螺纹前进的方向。

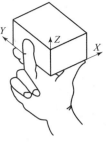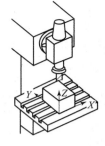

图1-9 立式铣床坐标系

5）附加坐标

如果在X、Y、Z主要直线运动之外另有第二组平行于它们的坐标运动，就称为附加坐标。它们应分别被指定为U、V、W，如还有第三组运动，则分别指定为P、Q、R。如果在第一组回转运动A、B、C之外，还有平行或不平行于A、B、C的第二组回转运动，可指定为D、E、F。

3. 坐标系的分类

1）机床坐标系

以机床原点为坐标原点建立起来的直角坐标系称为机床坐标系，机床坐标系是机床出厂时就确定好的，它是制造和调整机床的基础，也是设置工件坐标系的基础。其坐标原点的位置是由各机床生产厂设定，一般情况下，不允许用户随意变动。

2）工件坐标系

编程时一般选择工件上的某一点作为程序原点，并以这个原点作为坐标系的原点建立一个新的坐标系，这个新的坐标系就是工件坐标系。工件坐标系是人为设计的，并且为编程提供数据基础，所以又叫作编程坐标系。工件坐标系的坐标轴及运动方向与机床坐标系保持一致。工件坐标系一旦建立便一直有效，直到被新的坐标系所代替为止。

机床坐标系与工件坐标系的对比：工件坐标系是以机床坐标系为基础原点建立起来的基于工件的坐标系，如图1-10所示。

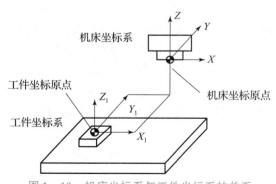

图1-10 机床坐标系与工件坐标系的关系

4. 数控机床相关基本点

1）机床原点

机床原点是指在机床上设置的一个固定点，即机床坐标系原点，它在机床装配、调试时就已确定下来，是数控机床进行加工运动的基准参考点。在数控铣床上，机床原点一般取在 X、Y、Z 三个直线坐标轴正方向的极限位置上，如图 1-11 所示。

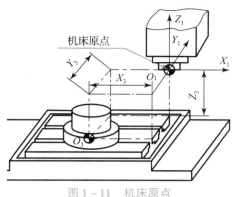

图 1-11　机床原点

2）机床参考点

机床参考点不同于机床原点，它是对机床运动进行检测和控制的固定位置点，机床参考点的位置是由机床制造厂家在每个轴上用限位开关精确调整好的，坐标值已通过参数设定输入数控系统中，该点至机床原点的坐标是一个已知数。

对于大多数数控机床，开机第一步就是执行回参考点操作，目的是建立机床坐标系，并确定机床坐标系的原点。在数控铣床/加工中心上，通常机床原点与机床参考点是重合的。如果两者重合，执行回参考点操作后机床坐标系的值显示为零；如果两者不重合，机床回零后机床坐标系显示的值就是系统参数中设定的距离值。

3）工件坐标原点

也称为工件原点或编程原点，由编程人员根据编程计算方便性、机床调整方便性、对刀方便性以及在毛坯上位置确定的方便性等具体情况定义在工件上的几何基准点。工件原点的选择一般遵循以下原则：

（1）与设计基准一致，以便于数值计算。

（2）尽量选在尺寸精度高、粗糙度低的工件表面，以提高零件的加工精度。

（3）如果是对称件，XY 平面的原点最好选在工件的对称中心上。

（4）Z 向工件坐标系的原点一般选在工件的上表面。

（5）要便于测量。

4）刀位点

刀位点是指编制数控加工程序时用以确定刀具位置的基准点。圆柱铣刀的刀位点是刀具中心线与刀具底面的交点；球头铣刀的刀位点是球头的球心点或球头顶点；车刀的刀位点是刀尖或刀尖圆弧中心，钻头的刀位点是钻头顶点，如图 1-12 所示。

5）换刀点

换刀点就是更换刀具的位置点，可以在某个固定点，也可以是任意的一点，不同的机床要求不一样。数控铣床不能自动换刀，需手动换刀，可在任意安全位置进行换刀；加工中心有刀库和自动换刀装置，根据程序需要可以自动换刀，换刀点应在换刀时工件、夹具、刀具、机床相互之间没有任何的碰撞和干涉的位置上，加工中心的换刀点往往是固定的。

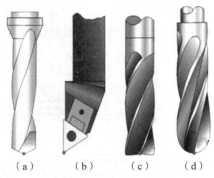

图 1-12 刀位点

(a) 钻头；(b) 车刀；(c) 圆柱铣刀；(d) 球头铣刀

1.1.3 数控铣床/加工中心的安全操作

不同型号的数控铣床/加工中心的机床结构、数控系统以及操作面板有所差异，操作方法有所差别，但是机床的基本操作原理、操作步骤是相同的。

1. FANUC 数控系统的操作面板及各按键的功能

数控铣床/加工中心的操作面板由数控系统的控制面板和机床操作面板两部分组成。数控系统的控制面板包括手动数据输入键盘（MDI）和显示屏（CRT），如图 1-13 所示，各按键的符号及功能如表 1-1 所示；机床操作面板包括各种操作开关及按钮，主要用于控制机床的运动和选择机床运行状态，由模式选择开关、数控程序运行控制开关等多个部分组成。图 1-14 所示为 FANUC 系统标准机床操作面板，其按键/旋钮的符号及功能如表 1-2 所示。

图 1-13　FANUC 数控系统控制面板

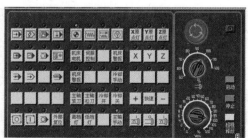

图 1-14　FANUC 系统标准机床操作面板

表 1－1　FANUC 数控操作面板按键的符号及功能

按键分区	按键符号	按键名称及功能说明
数字/字母键	O_P N_Q G_R 7_A 8 9_D X_U Y_V Z_W 4 5 6_SP M_I S_J T_K 1 2 3 F_L H_D EOB_E - + 0. ./	数字/字母键用于输入数据到输入区域，系统自动判别是取字母还是取数字。字母和数字键通过 SHIFT（上挡）键切换输入，如：O~P，7~A
编辑键	ALERT	替代键，用输入的数据替代光标所在的数据
	DELETE	删除键，删除光标所在的数据，或者删除一个数控程序，或者删除全部数控程序
	INSERT	插入键，把输入域之中的数据插入当前光标之后的位置
	CAN	修改键，消除输入域内的数据
	EOB E	回车换行键，结束一行程序的输入并且换行
	SHIFT	上挡键
页面切换键	PROG	数控程序显示与编辑页面
	POS	位置显示页面，位置显示有三种方式，用 PAGE 按键选择
	OFFSET SETTING	参数输入页面，按第一次进入坐标系设置页面，按第二次进入刀具补偿参数页面。进入不同的页面以后，用 PAGE 按键切换
	SYSTEM	系统参数页面
	MESSAGE	信息页面，如"报警"
	CUSTOM GRAPH	图形参数设置页面
	HELP	系统帮助页面
	RESET	复位键

按键分区	按键符号	按键名称及功能说明
翻页按键	**↑ PAGE**	向上翻页
	PAGE ↓	向下翻页
光标移动键	**↑**	向上移动光标
	↓	向下移动光标
	←	向左移动光标
	→	向右移动光标
输入键	**INPUT**	输入键。用来输入工件坐标、刀具补偿参数值以及 MDI 方式的指令数值

表 1-2 FANUC 标准机床操作面板按键/旋钮的符号及功能

按键/旋钮符号	名称及功能说明
	AUTO（MEM）键（自动模式键）：进入自动加工模式
	EIDT 键（编辑键）：用于直接通过操作面板输入数控程序和编辑程序
	MDI 键（手动数据输入键）：用于直接通过操作面板输入数控程序和编辑程序
	文件传输键：通过 RS232 接口把数控系统与计算机相连并传输文件
	REF 键（回参考点键）：手动回机床参考点
	JOG 键（手动模式键）：手动连续移动各轴
	INC 键（增量进给键）：手动脉冲方式进给
	HNDL 键（手轮进给键）：按此键切换为手轮进给
COOL	切削液开关键：按下此键，切削液打开
TOOL	刀具选择键：按下此键，在刀库中选刀

按键/旋钮符号	名称及功能说明
	SINGL 键（单段执行键）：自动加工模式和 MDI 模式中，单段运行
	程序跳段键：在自动模式下按下此键，跳过程序段开头带有"/"的程序
	程序停止键：自动模式下，遇有 M00 程序指令停止
	程序重启键：由于刀具破损等原因自动停止后，程序可以从指定的程序段重新启动
	程序锁开关键：按下此键，机床各轴被锁住
	运行键：按下此键，机床各轴以固定的速度运行
	机床主轴手动控制键：速度模式下按下此键，主轴正转
	机床主轴手动控制键：速度模式下按下此键，主轴停止
	机床主轴手动控制键：速度模式下按下此键，主轴反转
	循环（数控）停止键：数控程序运行中，按下此键停止程序运行
	循环（数控）启动键：在"AUTO"或"MDI"模式下，自动运行加工程序
X	X 轴手动进给键
Z	Z 轴手动进给键
+	正方向进给键
	快速进给键：在手动模式下，同时按住此键和一个坐标轴点动方向键，坐标轴以快速进给速度移动
−	负方向进给键
X 1	选择手动移动（步进增量进给方式）时每一步的距离，×1 为 0.001 mm
X 10	选择手动移动（步进增量进给方式）时每一步的距离，×10 为 0.01 mm
X 100	选择手动移动（步进增量进给方式）时每一步的距离，×100 为 0.1 mm
X 1000	选择手动移动（步进增量进给方式）时每一步的距离，×1 000 为 1 mm

按键/旋钮符号	名称及功能说明
	程序编辑开关：置于 ON 位置时可编辑程序
	进给速度调节旋钮：调节进给速度，调节范围为 0～120%
	主轴转速调节旋钮：调节主轴转速，调节范围为 50%～120%
	紧急停止按钮：按下此按钮，机床和数控系统紧急停止，旋转可释放紧急停止

2. 数控铣床/加工中心的安全操作规程

（1）开机前，应当遵守以下操作规程：

①穿戴好劳保用品，女生必须戴好工作帽，并把发辫挽塞在帽内，不要戴手套操作机床。

②详细阅读机床的使用说明书，了解机床性能、结构和原理，在未熟悉机床操作前，切勿随意动机床，以免发生安全事故。

③开机前必须检查机床各部分是否完整、正常，机床的润滑系统及冷却系统是否处于良好的工作状态。同时检查加工区域有无搁放其他杂物，确保运转畅通。检查机床的安全防护装置是否牢靠。

④操作前必须熟知每个按钮的作用以及操作注意事项。

⑤注意机床各个部位警示牌上所警示的内容，按照机床说明书要求加装润滑油、液压油、切削液，接通外接气源。

⑥机床周围的工具要摆放整齐，便于拿放。

（2）在加工操作中，应当遵守以下操作规程：

①文明生产，精力集中，杜绝酗酒和疲劳操作；禁止打闹、闲谈、睡觉和任意离开岗位。

②机床在通电状态时，操作者千万不要打开和接触机床上示有闪电符号的、装有强电装置的部位，以防被电击伤。

③注意检查工件和刀具是否装夹正确、可靠；在刀具装夹完毕后，应当采用手动方式进行试切。

④加工零件前必须严格检查工件原点状况及数据，确保正确；加工开始后必须关

上机床的防护门。

⑤机床运转过程中，不要清除切屑，要避免用手接触机床运动部件。清除切屑时，要使用一定的工具，应注意不要被切屑划破手脚。

⑥学生在操作时，旁观的同学禁止按动控制面板上的任何按键、旋钮，以免发生意外事故。

⑦操作者离开机床、更换刀具、测量尺寸、调整工件时，都应停机。

⑧严禁任意修改、删除机床参数。

⑨在打雷时，不要开机床。因为雷击时的瞬时高电压和大电流易冲击机床，烧坏模块或丢失、改变数据，造成不必要的损失。

⑩发生机床操作事故，要立即采取措施，防止事故进一步扩大并保护好现场，同时立即报告实训中心负责人。

（3）工作结束后，应当遵守以下操作规程：

①如实填写好交接班记录，发现问题要及时反映。

②要打扫干净工作场地，擦拭干净机床，应注意保持机床及控制设备的清洁。

③切断系统电源，关好门窗后才能离开。

3. 数控铣床/加工中心的基本操作

1）机床开机

（1）电源接通前的检查。看机床上各处的门（防护、强电箱、操作箱等）是否关闭；检查液压油箱及润滑装置上油标的液面位置；检查切削液液面；检查是否遵守了安全操作规程；检查气源是否接通。

（2）接通电源。打开安装于机床电箱门上的主电源开关；机床工作灯亮，风扇开始启动；按下数控系统电源开关接通（ON）键；在 CRT 上，初始画面出现；润滑泵、液压泵启动。

（3）压力表检查。检查机床上的总压力表，如果系统压力正常，则准备完毕；松开急停按钮。

> 机床通电后，在显示位置屏幕或者报警屏幕之前，请不要触碰操作面板上的各按键，有些键是用来维护保养或者特殊用途的，如果它们被按下，会发生意想不到的结果。

2）机床回零

机床回零就是用手动操作的方法使各坐标轴回到参考点。实际上回零是使刀具回到机床坐系的原点，以消除因停机带入的误差，建立新的机械坐标系。一般情况下，机床在关机后、机床断电后再次通电、行程报警解除后、急停按键按下后需要回零，重建机床坐标系。机床回零步骤如下：

（1）将旋转快速移动倍率选择开关置在低倍率区。

（2）按下回零 ⊛ 按钮，指示灯亮。

（3）选择"Z"按钮，按下"＋"号键，则 Z 轴回零，直至"Z 原点灯"亮。

（4）再进行 X 轴和 Y 轴的回零件操作，两轴也可以同时进行。

原则上，每一轴无论在任何位置都可以回零。但当回零撞块离回零开关太近 <50 mm 时，应采取手动方式移动坐标轴，将各轴移至距离机床原点 100 mm 以上，然后再进行回零。回零操作完成后，手动方式移动各坐标轴向 $-Z$、$-X$、$-Y$ 向分别移动约 100 mm 的距离，以便进行后续操作。

3）机床手动操作

手动对数控铣床/加工中心各个轴的移动操作，有两种方式：第一在 JOG 方式下；第二在 HANDLE 方式下，机床手轮如图 1-15 所示。

（1）JOG 方式移动坐标。

① 选择 JOG 挡位，进入 JOG 方式。

② 在 $-X$、$+X$、$-Y$、$+Y$、$-Z$、$+Z$ 中选择一个移动轴和移动方向，刀具会沿所选轴的移动方向连续移动；释放按键，移动停止。

③ 手动控制旋转按钮，能够改变轴移动的快慢。

④ 在确定非常远的距离之下，为尽可能快地到达目的地，此时调节手动控制旋转按钮也不能达到想要的速度，这种情况下就需要选用快速移动调节速度：F0、25%、50%、100%，一般

图 1-15 机床手轮

刚学习数控铣床的情况下选择 25%，然后再选择轴及移动方向，按住加速键，轴即会快速移动。

（2）HANDLE 方式移动坐标。手轮进给方式中，可以通过手摇脉冲发生器实现刀具的微量移动。手轮旋转一个刻度时，根据手轮上的设置刀具有 3 种不同的移动距离，分别为：0.001 mm、0.01 mm、0.1 mm。其操作步骤如下：

①选择 HNDL 键，机床进入手轮模式。

②在手轮中选择要移动的轴，并选择移动一个刻度的移动量。

③向对应方向旋转手摇脉冲发生器，刀具就会沿所选轴的所选方向以指定的移动速度连续移动。

手轮进给操作时，一次只能选择一个轴的移动，手摇脉冲发生器旋转操作时，请按 5 r/s 的速度操作，如果旋转过快，刀具有可能在手轮停止旋转后还不能停止或者刀具移动的距离与手轮旋转刻度不符。

4）关机

机床关机与机床开机顺序相反。

（1）首先按下数控系统控制面板的急停按钮。

（2）按下 POWER OFF 按钮关闭系统电源。

（3）关闭机床电源。

（4）关闭稳压器电源。

（5）关闭总电源。

1.1.4　数控铣床/加工中心常用的量具及其使用

量具在零件加工过程中或零件加工完成以后的检验中，发挥着至关重要的作用，只有通过专用量具的检测，才能真正确认产品合格与否，所以应能够正确使用、维护和保养量具。

量具的种类很多，不同结构的零件，需要的量具也各不相同。常用的有游标卡尺、外径千分尺、万能角度尺、杠杆百分表、量规、塞尺及三坐标测量仪等，下面介绍生产加工中常用的几种量具。

1. 普通游标卡尺及其使用

游标卡尺是一种常用的量具，具有结构简单、使用方便、精度中等和测量尺寸范围大等特点，可以用来测量零件的外径、内径、长度、宽度、厚度、深度和孔距等，应用范围很广。图 1－16 所示为测量范围 0～150 mm 的普通游标卡尺，是带有刀口形的上下量爪和带有深度尺的形式。

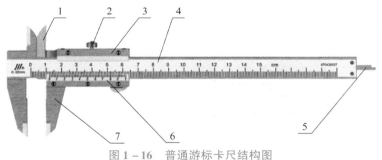

图 1－16　普通游标卡尺结构图

1—上量爪；2—紧固螺钉；3—尺框；4—尺身（主尺）；5—深度尺；6—游标；7—下量爪

1）游标卡尺的读数原理和读数方法

游标卡尺的读数机构是由主尺和游标两部分组成的。当活动量爪与固定量爪贴合时，游标上的"0"刻线（游标零线）对准主尺上的"0"刻线，此时量爪间的距离为"0"。当尺框向右移动到某一位置时，固定量爪与活动量爪之间的距离就是零件的测量尺寸。此时零件尺寸的整数部分，可在游标零线左边的主尺刻线上读出来，而比 1 mm 小的小数部分，可借助游标读数机构来读出。根据游标的分度值，游标卡尺有0.1 mm、0.02 mm、0.05 mm 三种规格，其中分度值为 0.02 mm 的游标卡尺应用最为普遍。其读数原理和读数方法如表 1－3 所示。

表 1 – 3　分度值为 0.02 mm 游标卡尺的读数原理和读数方法

读数原理	读数方法及示例
主尺每小格 1 mm，当两量爪合并时，游标上的 50 格刚好等于主尺上的 49 格，则游标每格间距 = 49 ÷ 50 = 0.98（mm）。主尺每格间距与游标每格间距相差 = 1 − 0.98 = 0.02（mm），0.02 mm 即为此种游标卡尺的最小读数值。 （图）	读数 = 游标零位指示的主尺整数 + 游标与主尺重合线数 × 分度值 示例：游标零线在 123 mm 与 124 mm 之间，游标上的 11 格刻线与主尺刻线对准，所以被测尺寸的整数部分为 123mm，小数部分为 11 × 0.02 = 0.22（mm）。 被测尺寸 = 123 + 0.22 = 123.22（mm） （图）123.22 mm

2）游标卡尺使用注意事项

使用前先擦净量爪，然后合拢两量爪使之贴合，检查主、游标零线是否对齐。若未对齐，应在测量后根据原始误差修正读数。测量时，方法要正确，读数时目光要垂直于尺面，否则测量不正确；当量爪与被测工件接触后，用力不能过大，以免量爪变形或磨损，降低测量的准确度。不得用卡尺测量毛坯表面，使用完毕后须擦拭干净，放入盒内。

2. 外径千分尺及其使用

外径千分尺也叫螺旋测微器，是比游标卡尺更精密的长度测量仪器，可测量工件外径和厚度，其测量准确度为 0.01 mm。外径千分尺有 0 ~ 25 mm、25 ~ 50 mm、50 ~ 75 mm 等规格，应根据测量工件大小选取适当的千分尺。图 1 – 17 所示为常见的机械外径千分尺，它的量程为 0 ~ 25 mm，分度值是 0.01 mm，由固定的尺架、测砧、测微螺杆、固定套筒、微分筒、测力装置、锁紧装置等组成。

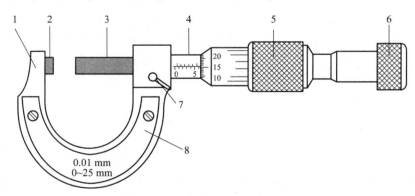

图 1 – 17　外径千分尺结构图

1—尺架；2—测砧；3—测微螺杆；4—固定套筒；5—微分筒；6—棘轮；7—锁紧装置；8—绝热板

1）外径千分尺的读数原理和读数方法

外径千分尺是依据螺旋放大的原理制成的，即螺杆在螺母中旋转一周，螺杆便沿着旋转轴线方向前进或后退一个螺距的距离。因此，沿轴线方向移动的微小距离，就能用圆周上的读数表示出来。外径千分尺的固定套筒上刻有轴向中线，作为微分筒读数的基准线。另外，为了计算测微螺杆旋转的整数转，在固定套筒中线的两侧，刻有两排刻线，刻线间距均为 1 mm，上下两排相互错开 0.5 mm。其具体读数原理和读数方法如表 1-4 所示。

表 1-4　外径千分尺的读数原理和读数方法

读数原理	读数方法及示例
外径千分尺的精密螺纹的螺距是 0.5 mm，可动刻度有 50 个等分刻度，可动刻度旋转一周，测微螺杆可前进或后退 0.5 mm，因此旋转每个小分度，相当于测微螺杆前进或退后 0.5/50 = 0.01（mm），即可动刻度每一小分度表示 0.01 mm，所以螺旋测微器可准确到 0.01 mm。由于还能再估读一位，可读到毫米的千分位，故又名千分尺	具体读数方法： 　　读数 = 固定套筒上的刻度值 + 固定套筒中线基准与微分筒上可动刻度对齐位置读数 × 0.01 　　读数步骤： 　　1. 固定套筒上读整数或半毫米数。 　　2. 微分筒上可动刻度读小数。不足一格的，读数时应估读到最小分度的十分之一 = 0.001 mm。 　　3. 测量值 = 整数 + 小数。 　　示例 1：被测尺寸 = 5 + 0.465 = 5.465（mm） 5.465 mm 　　示例 2：被测尺寸 = 11.5 + 0.151 = 11.651（mm） 11.651 mm

2）外径千分尺的使用方法和注意事项

（1）使用方法。测量前，要擦干净外径千分尺的测量面和工件的被测表面，避免产生误差。测量时，当两个测量面将要接触被测表面时就不要再旋转微分筒，只需旋转测力装置的转帽，等棘轮发出"咔咔"响声后，再轻轻转动 0.5~1 圈进行读数。当调节距离较大时，应该先旋转微分筒，只有当测量面快接触被测表面时才用测力装置。这样，既节约调节时间，又防止棘轮过早磨损。测量时不允许猛力转动测力装置，否则测量面靠惯性冲向被测件，测力急剧增大，测量结果会不准确，而且测微螺杆也容易被咬住损伤。退尺时，应旋转微分筒，不要旋转测力装置，以防拧松测力装置影响零位。

（2）在测量时的注意事项。必须正确地把被测件的测量处夹在测砧和测杆内。不允许测量带有研磨剂的表面、粗糙表面和带毛刺的边缘表面等。测量时，最好在被测件上直接读出数值，然后退回测微螺杆，取下千分尺，这样可减少测量面的磨损。如果必须取下千分尺读数时，先用锁紧装置把测微螺杆锁住，再轻轻滑出千分尺。不允许测量运转着的被测零部件。

3. 百分表及其使用

百分表是一种精度较高的比较量具，它只能测出相对数值，不能测出绝对值，主要用于检测工件的形状和位置误差（如圆度、平面度、垂直度、跳动等），也可用于校正零件的安装位置以及测量零件的内径等，百分表的测量准确度为 0.01 mm。其结构如图 1-18 所示。

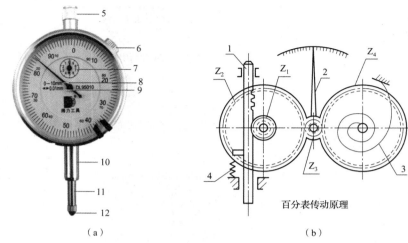

图 1-18　百分表结构图

（a）实物；（b）传动原理

1—测杆（齿条）；2—大指针；3—蓄力弹簧；4—自动回拉弹簧；

5—提杆；6—紧固螺钉；7—内表盘；8—量程；9—精度；10—固定杆；11—测杆；12—合金测头

1）百分表的读数原理和读数方法

百分表的测杆上有齿条，经齿轮与齿条传动，将被测尺寸引起的测杆微小直线移动经齿轮传动放大，变为指针在刻度盘上的转动，从而读出被测尺寸的大小。刻度盘可以转动，供测量时指针对零用。其具体读数原理及读数方法如表 1-5 所示。

表 1-5　百分表的读数原理及读数方法

读数原理	读数方法及示例
当测杆向上或向下移动 1 mm 时，通过齿轮传动系统带动大指针转一圈，同时小指针转一格。 小指针处的刻度范围为百分表的测量范围。测量的大小指针读数之和即为测量尺寸的变动量	百分表的读数方法：大指针每转一格为 0.01 mm，小指针每转一格为 1 mm。读数时，先读小指针转过的刻度线（即毫米整数），再读大指针转过的刻度线（即小数部分），并乘以 0.01，然后两者相加，即得到所测量的数值 读数 = 小指针读数值 + 大指针读数值 × 0.01 示例：小指针转过的刻度线不到 1 格，所以被测值整数部分为 0 mm。大指针与 84 刻度线对齐，所以被测数值小数部分为 $84 × 0.01 = 0.84$（mm）。 测量数值 = $0 + 84 × 0.01 = 0.84$（mm）

2）百分表使用注意事项

（1）使用前，应检查测杆活动的灵活性。即轻轻推动测杆时，测杆在固定杆内的移动要灵活，没有轧卡现象，每次手松开后，指针能回到原来的刻度位置。

（2）使用时，必须把百分表固定在可靠的夹持架上，不可贪图省事，随便夹在不稳固的地方，否则容易造成测量结果不准确或摔坏百分表。

（3）测量时，不要使测杆的行程超过它的测量范围，不要使表头突然撞到工件上，也不要用百分表测量表面粗糙或有显著凹凸不平的工件。

（4）测量平面时，百分表的测杆要与平面垂直，测量圆柱形工件时，测杆要与工件的中心线垂直，否则将使测杆活动不灵或测量结果不准确。

（5）为方便读数，在测量前一般都使大指针指到刻度盘的零位。

1.1.5　数控铣床/加工中心常用夹具及其使用

所谓机床夹具，就是在机床上使用的一种工艺装备，它用来迅速准确地安装工件，使工件获得并保持在切削加工中所需要的正确加工位置。所以机床夹具是用来使工件定位和夹紧的机床附加装置，一般简称为夹具。

1. 数控铣床/加工中心常用夹具类型

根据零件的生产批量不同，数控铣床/加工中心的夹具可分为：

1）单件、小批量零件加工采用的夹具

常用的包括平口虎钳、三爪卡盘和螺栓压板等。

（1）平口虎钳。平口虎钳是数控铣床/加工中心最常用的夹具之一，由钳身、活动钳口、固定钳口、螺母、螺杆等构件组成，如图 1-19 所示，适用于尺寸较小的方形零件的装夹。

（2）三爪卡盘。三爪卡盘也是数控铣床/加工中心常用的夹具之一，如图1-20所示，这种夹具主要适用于尺寸较小的圆形零件的装夹。

图 1-19　平口虎钳　　　　　　　图 1-20　三爪卡盘

（3）螺栓压板。这种装夹方式适用于尺寸较大不便用平口虎钳装夹的工件，可直接用压板将工件固定在机床工作台上，也可配合垫铁等元件将工件压紧，如图 1-21 所示。

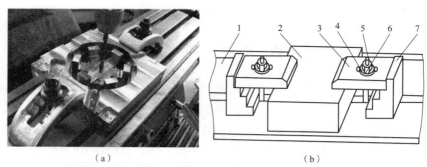

（a） （b）

图 1 - 21 用螺栓压板装夹工件

（a）用螺栓压板直接安装；（b）螺栓压板配合垫铁等元件安装

1—工作台面；2—工件；3—压板；4—垫片；5—T 形螺栓；6—螺母；7—台阶垫铁

4）分度头。这类夹具通常配有卡盘和尾座，工件横向放置，主要用于轴类或盘类零件分度加工或回转加工时的装夹，如图 1 - 22 所示。

（a） （b）

图 1 - 22 分度头及工件装夹

（a）分度头；（b）工件装夹

2）中、小批量零件加工采用的夹具

中、小批量零件加工可采用组合夹具，组合夹具是一种高度标准化的夹具，它由一套预先制好的、具有不同形状和尺寸并具有完全互换性的标准元件及合件按照工件的工艺要求组装而成。夹具用毕以后，元件可以方便地拆散，清洗后入库待再次组装时使用。组合夹具组装简单灵活，是一种可重复使用的专用夹具，有槽系组合夹具和孔系组合夹具两种，如图 1 - 23 所示。

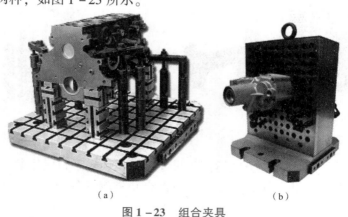

（a） （b）

图 1 - 23 组合夹具

（a）槽系组合夹具；（b）孔系组合夹具

3）大批大量零件加工采用的夹具

大批大量零件加工时，可根据零件的结构特点和加工方式采用专用夹具进行装夹。专用夹具是专门针对某种零件制作的夹具，装夹可靠、方便、快速，在生产过程中能有效降低工作时的劳动强度、提高劳动生产率，并获得较高的加工精度。其缺点是适应性差，设计制造周期长，投资大。

任务 1.2　六面体零件的对刀与参数设置

1.2.1　数控铣床/加工中心的常用刀具及其安装

1. 数控铣床/加工中心的常用刀具

1）数控铣床/加工中心常用的刀具类型

（1）铣削刀具。铣刀是刀齿分布在旋转表面或端面上的多刃刀具，其几何形状较复杂、种类较多，常用的有面铣刀、立铣刀、键槽铣刀、球头铣刀和成形铣刀等，如图 1-24 所示。

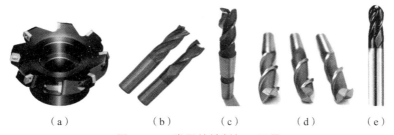

（a）　　　　　（b）　　　　　（c）　　　　　（d）　　　　　（e）

图 1-24　常见的铣削加工刀具

（a）面铣刀；（b）直柄立铣刀；（c）锥柄立铣刀；（d）键槽铣刀；（e）球头铣刀

（2）孔加工刀具。常用的孔加工刀具有中心钻、麻花钻（直柄、锥柄）、扩孔钻、锪孔钻、铰刀、镗刀、丝锥等，如图 1-25 所示。

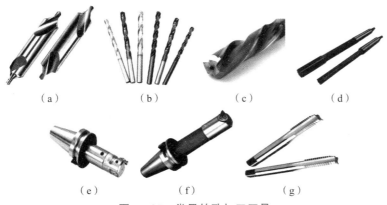

（a）　　　　　（b）　　　　　（c）　　　　　（d）

（e）　　　　　（f）　　　　　（g）

图 1-25　常见的孔加工刀具

（a）中心钻；（b）麻花钻；（c）扩孔钻；（d）机用铰刀；（e）单刃粗镗刀；
（f）可调精镗刀；（g）机用丝锥

2）数控刀具材料

（1）常用的数控刀具材料。常用的数控刀具材料有高速钢、硬质合金、涂层硬质合金、陶瓷、立方氮化硼、金刚石等。其中，高速钢、硬质合金和涂层硬质合金三类材料应用最为广泛。

（2）各刀具材料性能比较。硬度和韧性是刀具材料性能的两项重要指标，上述各类刀具材料的硬度与韧性对比如图1-26所示。

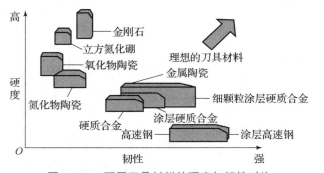

图1-26 不同刀具材料的硬度与韧性对比

2. 数控铣床/加工中心的刀柄系统

数控铣床/加工中心的刀柄系统是用于连接机床和切削刀具的工具系统，图1-27所示为刀柄与刀具的连接关系。刀柄系统具有卡具的功能和量具的精度，是直接关系到刀具能否得到正确使用，切削能否达到理想效果的关键因素所在，包括刀柄、拉钉和夹头（或中间模块）。目前刀柄系统各模块已实现系列化、标准化，其使用标准有国际标准（ISO）和中国、美国、德国和日本等国的标准。

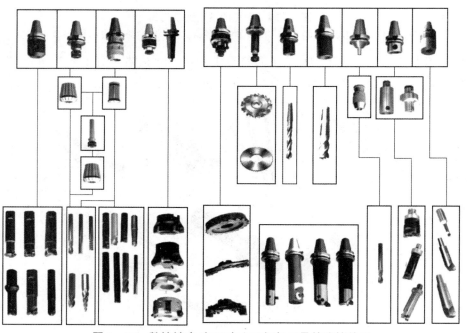

图1-27 数控铣床/加工中心刀柄与刀具的连接关系

1）刀柄

刀具通过刀柄与机床主轴相连，刀柄通过拉钉和主轴内的拉刀装置固定在主轴上，刀具由刀柄夹持传递速度、扭矩，刀柄的强度、刚性、耐磨性、制造精度以及夹紧力等对加工有直接的影响。

数控铣床/加工中心的刀柄包括7∶24锥柄系统和1∶10锥柄HSK空心短圆锥高速模块式工具系统，其中7∶24锥柄系统占到所有数控铣床/加工中心刀柄的80%以上，HSK工具系统能够提高系统的刚性、稳定性以及高速加工时的产品精度，并缩短刀具更换的时间，在高速加工中发挥着很重要的作用。常见的刀柄主要有以下几种：

（1）弹簧夹头刀柄（ER）。弹簧夹头刀柄（图1－28）主要用于钻头、铣刀、丝锥等直柄刀具及工具的装夹。其夹紧机构由刀柄内锥孔、弹簧夹头和螺帽组成。由螺帽将夹头向内压入，和刀柄内孔锥度配合，由夹头收缩完成夹紧过程。

（2）钻夹头刀柄（SPU、SPH）。钻夹头刀柄（图1－29）其夹紧机构与普通的自定心三爪的原理一样，通过内部传动，使夹爪伸出闭合，缩进张开夹紧普通直柄刀具。其主要用于在其夹紧范围之内的钻头类刀具的夹紧，亦可用于直柄铣刀、铰刀、丝锥等小切削力刀具的夹紧。这种刀柄夹持范围广，单款可夹持不同柄径的钻头，由于夹紧力较小，夹紧精度低，所以通常用于直径在 $\phi16$ mm以下的普通钻头的夹紧。夹紧时要用专用扳手夹紧，在加工时如受力过大很容易造成三爪断裂。

图1－28　弹簧夹头刀柄　　　　　图1－29　钻夹头刀柄

（3）强力铣刀柄（MLC）。强力铣刀柄（图1－30）主要用于铣刀、铰刀等直柄刀具及工具的夹紧，夹紧力比较大，夹紧精度较好。更换不同的夹头可夹持不同柄径的铣刀、铰刀等。在加工过程中，强力型刀柄前端直径比弹簧夹头刀柄大，容易产生干涉。

（4）侧固式刀柄（SLN）。侧固式刀柄（图1－31）适合装夹快速钻、铣刀，粗镗刀等削平刀柄刀具的装夹。这种刀柄夹持力度大、结构简单、相对装夹原理简单，但通用性不好。

（5）平面铣刀柄（FMA、FMB）。平面铣刀柄（图1－32）主要用于套式平面铣刀盘的装夹，采用中间芯轴和两边的定位键定位，用端面内六角螺栓锁紧。平面铣刀刀柄分公制和英制两种，使用时需要清楚机床主轴接口

图1－30　强力铣刀柄及夹头

和平面铣刀刀盘内孔孔径，在加工条件许可的情况下，为提高刚性尽量选择短一点的刀柄。

图1－31　侧固式刀柄　　　图1－32　平面铣刀柄

（6）莫氏锥孔刀柄（MTA、MTB）。莫氏锥孔刀柄（图1－33）分为莫氏铣刀刀柄（MTB）和莫氏钻头刀柄（MTA），MTA型刀柄内孔尾部开扁尾槽，适合安装莫氏扁尾的钻头、铰刀及非标刀具；MTB型刀柄内孔尾部附带拉杆螺栓，适合安装莫氏锥度尾部有内螺纹的铣刀和非标刀具。

（a）　　　　　　　　　　　　（b）

图1－33　莫氏锥孔刀柄
（a）莫氏钻头刀柄（MTA）；（b）莫氏铣刀刀柄（MTB）

（7）攻丝刀柄。攻丝刀柄有两种：一是弹簧攻丝刀柄，有点类似ER刀柄，只不过有弹性；二是伸缩攻丝刀柄，伸缩攻丝刀柄通过ER筒夹安装各种型号的丝锥，一般用于柔性攻丝（也称浮动攻丝），其内部含有弹簧性质的装置，通过内部的保护机构可使前后收缩5 mm，在丝锥过载停转时起到保护作用。攻丝刀柄如图1－34所示。

图1－34　攻丝刀柄

2）拉钉

数控铣床/加工中心拉钉的尺寸已标准化，ISO国际标准和GB国家标准规定了A型和B型两种形式的拉钉，如图1－35所示，A型拉钉用于不带钢球的拉紧装置，B型拉钉用于带钢球的拉紧装置。拉钉的具体尺寸可查阅有关标准。

（a） （b）

图 1-35 ISO 标准拉钉

（a）ISO 标准 A 型拉钉；（b）ISO 标准 B 型拉钉

3）弹簧夹头及中间模块

弹簧夹头有 ER 弹簧夹头和 KM 弹簧夹头两种，如图 1-36 所示，其中 ER 弹簧夹头的夹紧力较小，适用于切削力较小的场合，KM 弹簧夹头的夹紧力较大，适用于强力切削。

（a） （b）

图 1-36 弹簧夹头

（a）ER 弹簧夹头；（b）KM 弹簧夹头

中间模块是刀柄和刀具之间的连接装置，通过中间模块的使用可提高刀柄的通用性能。图 1-37 所示为镗刀的中间模块。

柄部 中间模块 工作部

图 1-37 镗刀的中间模块

2. 刀具安装

1）刀具的安装辅具

只有通过相应的安装辅具才能将刀具装入相应的刀柄中，常用的刀具安装辅具有锁刀座和月牙扳手，如图 1-38 所示。

（a） （b）

图 1-38 刀具的安装辅具

（a）锁刀座；（b）月牙扳手

2）刀具的安装

各种类型刀具的安装大同小异，下面以强力铣刀柄安装立铣刀为例，介绍刀具的安装过程：

（1）根据立铣刀的直径选择合适的弹簧夹头及刀柄，并将各安装部位擦拭干净。

（2）按图1-39（a）所示安装顺序，将刀具及弹簧夹头装入强力刀柄中。

（3）将刀柄放入锁刀座，放置时使刀柄的键槽对准锁刀座上的键，使刀柄无法转动。

（4）用专用的月牙扳手顺时针拧紧刀柄的锁紧螺母。

（5）将拉钉装入刀柄并拧紧，装夹完成的刀具如图1-39（b）所示。

（a）　　　　　　　　　　　　　　（b）

图1-39　强力铣刀柄安装刀具

（a）刀具安装顺序图；（b）装夹完成后的直柄立铣刀

1—立铣刀；2—弹簧夹头；3—刀柄；4—拉钉

安装刀具时注意以下事项：

①安装直柄立铣刀时，根据加工深度控制刀具伸出弹簧夹头的长度，在许可的条件下尽可能伸出短一些，过长将减弱刀具铣削刚性。

②禁止将加长套筒套在专用扳手上拧紧刀柄，也不允许用铁锤敲击专用扳手的方式紧固刀柄。

③装卸刀具时务必弄清扳手旋转方向，特别是拆卸刀具时的旋转方向，否则将影响刀具的装卸，甚至损坏刀具或刀柄。

④安装铣刀时，操作者应先在铣刀刃部垫上棉纱方可进行铣刀安装，以防止刀具刃口划伤手指。

⑤拧紧拉钉时，其拧紧力要适中，拧紧力过大易损坏拉钉，且拆卸也较困难；拧紧力过小则拉钉不能与刀柄可靠连接，加工时易产生事故。

3）将刀具装入机床主轴

完成刀具安装后，操作者即可将安装好的刀具装入数控铣床/加工中心的主轴。操作过程如下：

（1）用干净的擦布将刀柄的锥部及主轴锥孔擦拭干净。

（2）将刀柄装入机床主轴中。将机床置于JOG（手动）模式下，左手握刀柄使刀柄的键槽与主轴端面键对齐，右手按主轴上的松刀键（气动按钮），机床执行松刀动作，左手顺势向上将刀柄装入主轴中，即完成装刀操作，如图1-40所示。

（a）　　　　　　　　　　（b）

图 1 - 40　刀具装入机床主轴

（a）刀具装入主轴动作；（b）装夹完成后的刀具

1.2.2　数控铣床/加工中心的对刀

数控机床识别的是机床坐标系，刀具运动是以机床坐标系原点为基准运动的。而加工零件所编制的数控加工程序则是以工件坐标系原点为基准编制的，如何才能使机床按照工件坐标系下编制的程序运动加工出需要的零件？这就需要通过对刀操作。

1. 对刀的原理

所谓对刀就是建立起工件坐标系与机床坐标系的联系，也就是通过一定的方法找出工件原点在机床坐标系下的坐标值，即得到工件的零点偏置值，如图 1 - 41 所示，零件加工前将该值输入数控系统，加工时工件的零点偏置值便能自动叠加到工件坐标系上，使数控机床按工件坐标系在机床坐标系下的坐标值进行加工。所以对刀的目的就是确定工件原点在机床坐标系中的位置。

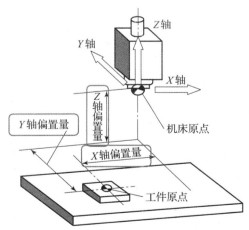

图 1 - 41　工件坐标系与机床坐标系的关系

2. 对刀方法（以立式数控铣床/加工中心为例介绍）

对刀操作分为 X、Y 向对刀和 Z 向对刀，对刀的准确程度将直接影响零件的加工精度。对刀方法与零件的结构形状有关，选择时一定要同零件加工精度要求相适应。

1）X、Y 向对刀

根据所用对刀工具的不同，常用的对刀方法有试切对刀法、刚性靠棒对刀法、寻边器对刀法、百分表对刀法和对刀仪对刀法等。

（1）试切对刀法。试切对刀法即直接采用加工刀具进行对刀，这种方法操作简单方便，但会在零件表面留下切削刀痕，影响零件表面质量且对刀精度较低，主要适用于零件粗加工时的对刀。

如图 1 – 42 所示，工件坐标系原点位于零件上表面的中心，刀具利用试切法先后定位到图中的 1、2 点并分别记录下此时 CRT 显示器中"机床坐标系"的 X 向坐标值 X_1、X_2，则工件坐标系原点在机床坐标系中的 X 向坐标值为（$X_1 + X_2$）/2。用同样的方法使刀具分别定位到 3、4 点并记录下 CRT 显示器中"机床坐标系"的 Y 向坐标值 Y_1、Y_2，则工件坐标系原点在机床坐标系中的 Y 向坐标值为（$Y_1 + Y_2$）/2。再分别将计算结果填入 CRT 工件坐标系设定页面 OFFSET SETTING/坐标系/（G54 ~ G59）的 X 和 Y 中（如选择 G54 的 X、Y 坐标值处），如图 1 – 43 所示。

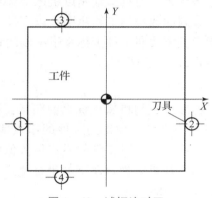

图 1 – 42　试切法对刀

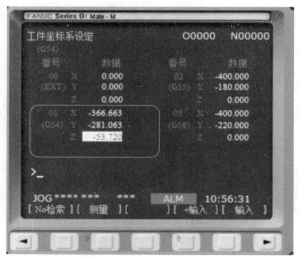

图 1 – 43　工件坐标系设定

对刀完成后，一定要确认工件坐标系设定页面的"基本（EXT）"栏中的参数全部为零。

（2）刚性靠棒对刀法。刚性靠棒对刀法是利用刚性靠棒配合塞尺（或块规）对刀的一种方法，其对刀方法与试切对刀法相似，首先将刚性靠棒安装在刀柄中，移动工作台使刚性靠棒靠近工件，并将塞尺塞入刚性靠棒与工件之间，再次移动机床使塞尺恰好不能自由抽动为准，如图1-44所示。这种对刀方法不会在零件表面上留下痕迹，但对刀精度不高且较为费时。

（3）寻边器对刀法。寻边器对刀法与刚性靠棒对刀法相似，常用的寻边器有机械寻边器和光电寻边器，如图1-45所示。在使用机械寻边器时要求主轴转速设定在500 r/min左右，这种对刀法精度高、无须维护、成本适中；光电寻边器在使用时主轴不转，这种对刀法精度高、需维护、成本较高。在实际加工过程中考虑到成本和加工精度问题一般选用机械寻边器来进行对刀找正。采用寻边器对刀要求定位基准面应有较好的表面粗糙度和直线度，确保对刀精度。

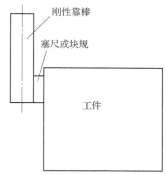

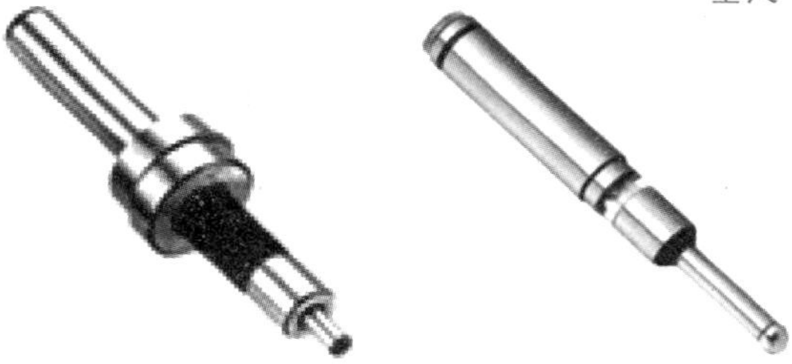

图1-44　刚性靠棒配合塞尺（或块规）对刀

图1-45　寻边器
（a）机械寻边器；（b）光电寻边器

机械寻边器由固定端和测量端（工作部分）两部分组成，在对刀时，主轴以一定的转速旋转，通过手动方式使寻边器的测量端向工件基准面移动靠近，当接触工件后偏心距减小，改为微调进给方式，使测量端继续接近工件，偏心距逐渐减小，直至测头不会振动，宛如静止状态，这时测量端和固定端的中心线重合。如接着以更细微的进给来碰触移动，测量端会出现明显的偏心状态，这个偏出的起点，就是测量端和固定端的中心线重合的瞬间，也就是所要寻求的基准位置，这时主轴中心位置距离工件基准面的距离等于测量端的半径。其对刀过程和计算方法同试切对刀。

当工件原点在工件某角（两棱边交接处），其对刀有以下两种方法：
①如果四侧面均为精基准，采用先对称分中，后平移原点的方法。
②只有两个侧面为精基准时，采用单边推算法。

（4）百分表对刀法。该方法一般用于圆形零件的对刀，如图1-46所示，将装有百分表的磁性座吸在主轴端面上，移动工作台使主轴中心线（即刀具中心）大约移到工件中心，调节磁性座上伸缩杆的长度和角度，使百分表的触头接触工件的圆周面（指针转动约0.1 mm），用手慢慢转动主轴，使百分表的触头沿着工件的圆周面转动，观察百分表指针的偏移情况。为调整及测量方便起见，可先测一个轴方向，如X轴左右两侧，再测另一轴方向，如Y轴前后两侧，移动坐标轴时，只要向压表少的方向移动度数差的一半，再环表测量。通过多次反复调整机床X、Y向，待转动主轴时百分表的指针基本在同一位置（表头转动一周时，其指针的跳动量在允许的对刀误差内，如0.02 mm），这时可以认定主轴的中心就是X、Y轴的原点，记下此时机床坐标系中的X、Y坐标值。

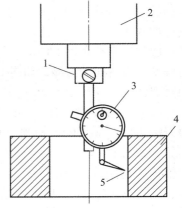

图1-46　百分表对刀
1—磁力表座；2—主轴；3—百分表；
4—工件；5—表头

这种方法操作比较麻烦、效率较低，但对刀精度较高，且对被测表面的精度要求也较高，最好是经过铰或镗加工的孔，仅粗加工后的孔（如钻），数控机床由于表针晃动比较大，故不宜采用。

对于圆形工件的对刀也可采用双边碰触分中对刀，同长方体对刀方法类似，但没有杠杆百分表对刀精度高。需要注意：采用圆形工件双边碰触分中对刀时，当我们在对X坐标时，刀具在整个对刀过程Y轴保持不变，否则无法对中，同理，对Y坐标的过程中，主轴X向不能移动。

> 以上对刀，都是直接找工件原点在机床坐标系中的位置，也就是对刀点和工件坐标系原点重合。一般来说，对刀点选在工件坐标系原点上，或至少X、Y向重合，有利于保证对刀精度，减少刀具误差。
>
> 也可以将对刀点或对刀基准设在其他位置，但必须保证对刀点与工件坐标系原点有一定的相对位置关系。比如将对刀点设在夹具的定位元件上，这样可直接以定位元件为对刀基准对刀，有利于批量加工时工件坐标系位置的准确。

2）Z向对刀

当对刀工具在X、Y向上的对刀完成后，可以取下对刀工具，换上基准刀具，进行Z向对刀操作。零件的Z向对刀通常采用试切法对刀（粗对刀）和Z向对刀仪对刀（精确对刀）。

（1）试切法对刀。Z向对刀点通常都是以零件的上下表面为基准的。若以零件上表面Z=0平面为工件坐标系零点，则在采用试切法对刀时，需移动刀具到工件的上表面进行试切，并记录CRT显示器中Z向"机床坐标系"的坐标值，即为工件坐标系原点在机床坐标系中的Z向坐标值，填入G54～G59的Z坐标中。

（2）Z向对刀仪对刀。Z向对刀仪也叫Z轴设定器，有光电式和指针式等类型，如图 1–47 所示，通过光电指示或指针判断刀具与对刀仪是否接触，对刀精度一般可达 0.005 mm。Z 向对刀仪带有磁性表座，可以牢固地吸附在工件或夹具上，其高度一般为 50 mm 或 100 mm。

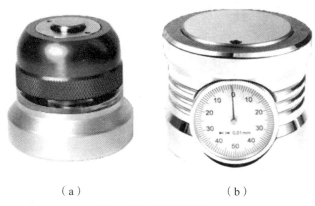

（a）　　　　　　　（b）

图 1–47　Z 向对刀仪

（a）光电式；（b）指针式

（3）用 Z 轴设定器将 Z 向零点设在工件上表面的操作步骤：

①将 Z 轴设定器放置在工件表面上。

②快速移动主轴，让刀具端面靠近 Z 轴设定器上表面。

③改用手轮微调操作，让刀具端面慢慢接触到 Z 轴设定器上表面的对刀块，直到百分表指针指示到零位。

④记下此时机床坐标系中的 Z 机械坐标值，抬起主轴。

⑤计算 Z 值，即用 "Z 机械坐标值 –Z 轴设定器的高度"，将计算结果填入工件坐标系设定页面 G54～G59 的 Z 坐标中，如图 1–43 所示。

3. 机外对刀仪对刀法

在加工中心上加工零件，由于加工内容较多往往需要更换多把刀具，通常操作者只需对 "标准刀具" 进行一次对刀，而利用机外对刀仪来获取其他刀具与标准刀具的直径和长度差值，然后经过计算，把每把刀的参数输入数控系统中，这样可以节省加工时间，免去人工手动测量时产生的误差，从而提高对刀的精度和效率。这种对刀方法称为机外对刀仪对刀法，简称对刀仪对刀法。

机外对刀仪又称刀具预调仪，使用其目的是它可以自动计算每把刀具的刀长和刀宽的差值，使用刀具时直接将刀具的长度和半径输入相应的刀具补偿寄存器内即可使用。图 1–48 所示为机外对刀仪的基本结构，其工作原理为：将被测刀具附带刀柄装在平台 7 上的刀柄夹持轴套 2 上，通过快速移动单键按钮 4 和微调旋钮 5 或 6 来调整刀具相对光源中心的位置，当光源发射器 8 发光，将刀具切削刃放大投影到显示屏幕 1 上的十字线中心，如图 1–49 所示，即可测得刀具在 X 向尺寸（径向尺寸）和刀具在 Z 向的尺寸（刀柄基面到刀尖的长度尺寸）。测得的 X 向尺寸可用于刀具半径补偿，测得的 Z 向尺寸可用于刀具长度补偿。

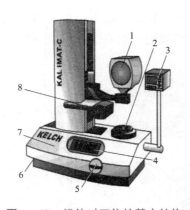

图 1 - 48　机外对刀仪的基本结构

1—显示屏幕；2—夹持轴套；3—控制面板；4—单键按钮；

5、6—微调旋钮；7—平台；8—光源发射器

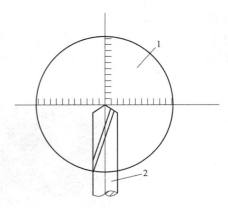

图 1 - 49　机外对刀仪显示屏十字线中心

1—显示屏幕；2—刀具

4. 数控铣床/加工中心的对刀操作及参数设置

不同的数控系统，对刀操作过程有所区别，但对刀原理都是相同的。下面以 FANUC 系统数控铣床/加工中心为例，详细介绍对刀操作的步骤。如图 1 - 50 所示，将工件坐标系原点选择在工件上表面前端中心位置，现 X、Y 向采用刚性靠棒对刀法，其对刀操作及参数设置过程如下：

（1）将直径为 $\phi14$ mm 刚性靠棒安装在刀柄中，将刀柄装入机床主轴。

（2）将模式选择开关切换到手轮模式，将刚性靠棒水平方向移至工件左侧外端安全位置。

刀具 Z 向靠近工件，并移至 Z_0 平面以下，这时刚性靠棒与左端面有足够的安全距离。

（3）选择 X 轴，使刚性靠棒朝工件左端面移动，接近工件左端面时，将手轮移动倍率调小。

（4）微量移动刚性靠棒靠近工件，并将 0.1 mm 塞尺塞入刚性靠棒与工件之间，直至塞尺恰好不能自由抽动为准，如图 1 - 51 所示。

（5）记录当前机床坐标系下的 X 坐标：- 432.110，如图 1 - 52 所示。

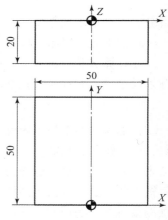

图 1 - 50　六面体零件

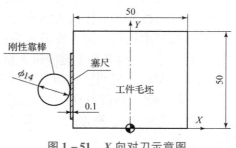

图 1 - 51　X 向对刀示意图

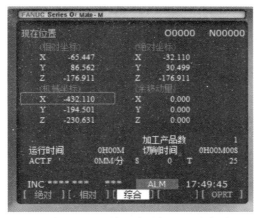

图 1 – 52　记录的机床坐标系 X 坐标值

（6）计算 X 坐标设定值，将各项数据按设定要求进行运算，算出工件坐标原点在机床坐标系下的具体坐标值。

$$X = -432.110 + 7 + 0.1 + 25 = -400.010 （mm）$$

式中，7 mm 为刚性靠棒半径值；0.1 mm 为塞尺厚度；25 mm 为毛坯 X 向边长的一半。

（7）按下 OFFSET SETTING/坐标系按键，打开工件坐标系设定页面，将光标移至 G54 的 X 坐标处，输入 -400.010 ［图 1 – 53（a）］，按 INPUT 键即得当前的工件原点在机床坐标系下的 X 坐标值 -400.010，如图 1 – 53（b）所示，X 向对刀完成。

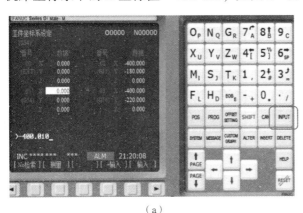

（a）

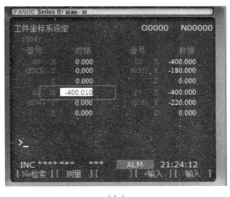

（b）

图 1 – 53　X 向对刀参数设置方式一

（a）X 坐标设置输入；（b）X 坐标设置后

也可在图 1 – 53（a）所示工件坐标系设定页面，输入 $X - 32.1$（$32.1 = 25 + 0.1 + 7$），该值为刀具中心在工件坐标系下的坐标值，如图 1 – 54 所示。按测量软键后也可得到图 1 – 53（b）所示的当前工件原点在机床坐标系下的 X 坐标值 -400.010。

（8）选择 Z 轴，抬高刚性靠棒至工件上表面安全位置。

（9）将刚性靠棒水平方向移至工件前侧外端安全位置。

（10）刀具 Z 向靠近工件，并移至 Z_0 平面以下，这时刚性靠棒与工件前端侧面有足够的安全距离。

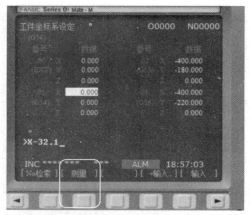

图 1-54　X 向对刀参数设置方式二

（11）选择 Y 轴，使刚性靠棒朝工件前端侧面移动，接近工件前端侧面时，将手轮移动倍率调小。

（12）微量移动刚性靠棒靠近工件，并将 0.1 mm 塞尺塞入刚性靠棒与工件之间，直至塞尺恰好不能自由抽动为准，如图 1-55 所示。记录当前机床坐标系下的 Y 坐标值 -232.105，如图 1-56 所示。

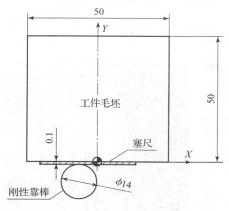

图 1-55　Y 向对刀示意图

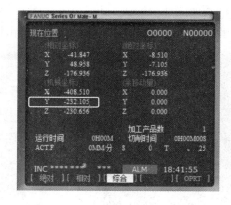

图 1-56　机床坐标系 Y 坐标值

（13）同 X 向设定值计算相同，可获得 Y 向对刀参数设定值

$$Y = -232.105 + 7 + 0.1 = -225.005（\text{mm}）$$

同理可在工件坐标系设定页面采用两种参数设置方式中的一种设定 Y 方向的对刀参数，如图 1-57 所示，完成 Y 方向的对刀。

（14）选择 Z 轴，抬起刚性靠棒至工件上表面的安全高度。

（15）卸下刚性靠棒，换上加工所用刀具。

（16）水平方向将刀具移至工件上表面中间位置。

（17）刀具 Z 向靠近工件，当接近工件上表面时，将手轮移动倍率调小。

（18）微量移动刀具靠近工件，并将 0.1 mm 塞尺塞入刀具与工件之间，直至塞尺恰好不能自由抽动为准，如图 1-58（a）所示。并记录当前机床坐标系下的 Z 坐标值 -219.910，如图 1-58（b）所示。

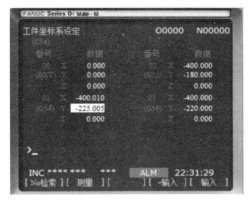

图 1 - 57　Y 向对刀参数设置

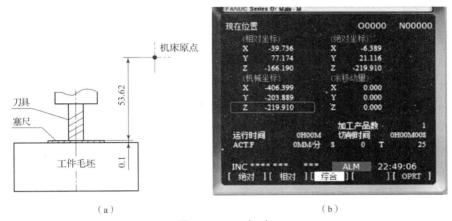

（a）　　　　　　　　　　　　　　　（b）

图 1 - 58　Z 向对刀

（a）Z 向对刀示意图；（b）机床坐标系 Z 坐标值

（19）同 X、Y 向设定值计算相同，可获得 Z 向对刀参数设定值为

$$Z = -219.910 - 0.1 = -220.010 \text{（mm）}$$

同理可在工件坐标系设定页面采用两种参数设置方式中的一种设定 Z 向的对刀参数，完成 Z 向的对刀。至此工件 X、Y、Z 三个方向的对刀参数全部设置完毕，如图 1 - 59 所示。提升主轴，将刀具移至安全位置。

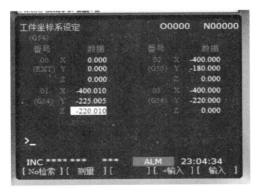

图 1 - 59　Z 向对刀参数设置

对刀时，随着工件在机床上摆放的位置不同，X、Y 向的对刀参数不同；不同的刀具 Z 向对刀参数不同；只要工件位置没有发生变化，刀具更换时，只需再进行 Z 向对刀，X、Y 向无须再进行对刀。

5. 检测工件坐标系原点位置设定是否正确的操作

（1）选择在 MDI 模式。

（2）按程序软键，再按下 MDI 软件，进入 MDI 程序编辑界面。

（3）输入以下程序：

G54 G90 G00 X0 Y0；

G00 Z20；

（4）按循环启动键，调节机床进给倍率，运行以上程序段，观察刀具是否运行至工件坐标系原点正上方 20 mm 处，若位置不对则需重新进行对刀操作。

1.2.3　数控铣床/加工中心的日常维护与保养

为充分发挥数控铣床/加工中心的使用效果，除了要严格执行机床操作规程安全操作以外，还应做好日常维护与保养工作。做好日常维护与保养工作可以延长机床的平均无故障时间，增加机床的开动率，便于及早发现故障隐患，避免停机损失，可以保持机床的加工精度。

机床的维护与保养分每班维护与保养、每周维护与保养、每月维护与保养、半年维护与保养和每年维护与保养。

1. 每班维护与保养

（1）机床上的各种铭牌及警告标志需小心维护，不清楚或损坏时需更换。

（2）检查空压机是否正常工作，压缩空气压力一般控制在 0.588 ~ 0.784 MPa，供应量为 200 L/min。

（3）检查数控装置上各个冷却风扇是否正常工作，以确保数控装置的散热通风。

（4）检查各油箱的油量，必要时须添加。

（5）数控柜和电控柜必须确保关闭，以避免切削液或灰尘进入。机加工车间空气中一般都含有油雾、漂浮的灰尘甚至金属粉末。一旦它们落在数控装置内的印制电路板或电子器件上，就容易引起元器件间绝缘电阻下降，并导致元器件及印制电路板损坏。

（6）加工结束后，操作人员需清理干净机床工作台面上的切屑，离开机床前，必须关闭主电源。

2. 每周维护与保养

在每周末和节假日前，需要彻底清洁设备或更换冷却液。

3. 每月维护与保养

（1）检查 X、Y、Z 轴导轨润滑情况，导轨面必须润滑良好。

（2）检查或清洁接近开关。

（3）调整主轴皮带松紧。

（4）检查排屑机电动机，检查并清洁排屑机过滤网。

4. 半年维护与保养

（1）检查刀库各个部分工件是否正常，检查机床关键零件有无损坏。

（2）检查机床水平，有变化应调整机床水平。

（3）打开 X/Y 导轨防护罩，用抹布除去导轨旁边切屑，并用无尘纸擦拭干净导轨面（不可用气枪清理导轨，以免细小切屑进入导轨中）。

（4）每半年拆卸并清洗排屑机。

5. 每年维护与保养

（1）检查换刀机构凸轮箱，油量不够时，添加油量。

（2）检查联轴器自锁螺母，调整丝杠间隙并补偿，调整塞铁间隙。

（3）清洗润滑油泵滤油器或更换滤油器。

（4）检查润滑油油管、接头是否良好，有无漏油或损坏。

（5）检查电气设备连接螺栓和接头是否紧固。

（6）检查气动管路有无泄漏。

（7）检查机床重要部件连接是否紧固。

（8）补充润滑脂。

（9）检查各项重要精度。

6. 其他维护保养内容

（1）电控柜的散热通风。通常安装在电柜门上的热交换器或轴流风扇，能对电控柜的内外进行空气循环，促使电控柜内的发热装置或元器件等进行散热。应定期检查控制柜上的热交换器或轴流风扇的工作状况，风道是否堵塞，否则会引起柜内温度过高而使系统不能可靠运行，甚至引起过热报警。

（2）备用电路板的维护。备用的印制电路板长期不用时，应定期装到数控系统中通电运行一段时间，以防损坏。

（3）定期更换存储器电池。一般数控系统内对 CMOSRAM 存储器设有可充电电池维护电路，以保证系统不通电期间能保持其存储器的内容。在一般情况下，即使尚未失效，也应每年更换一次，以确保系统正常工作。电池的更换应在数控系统供电状态下进行，以防更换时 RAM 内信息丢失。

（4）数控系统长期不用时的保养。数控系统处于长期闲置的情况下，要经常给系统通电，在机床锁住不动的情况下，让系统空运行。系统通电可利用电气元件本身的发热来驱散电气柜内的潮气，保证电气元件性能的稳定可靠。

1.2.4　生产现场的 6S 管理规定

6S 管理是一种生产现场的管理模式，即指整理、整顿、清扫、清洁、素养和安全。

1. 6S 管理之整理

（1）办公桌上、抽屉内办公物品归类放置整齐。

（2）料架的物品摆放整齐。

（3）通道畅通、整洁。

（4）工作场所的设备、物料堆放整齐，不放置不必要的东西。

2. 6S管理之整顿

（1）零部件定位摆放，有统一标识，一目了然。

（2）工具、模具明确定位，标识明确，取用方便。

（3）机器设备定期保养并有设备保养卡，摆放整齐，处于最佳状态。

（4）工具定位放置，定期保养。

3. 6S管理之清扫

（1）保持通道干净、作业场所东西存放整齐，地面无任何杂物。

（2）办公桌、工作台面以及四周环境整洁。

（3）窗、墙壁、天花板干净整洁。

（4）工具、机械、机台随时清理。

4. 6S管理之清洁

（1）通道作业台划分清楚，通道顺畅。

（2）每天上、下班前5分钟做"6S"工作。

（3）对不符合的情况及时纠正。

（4）保持整理、整顿、清扫成果并改进。

5. 6S管理之素养

（1）员工戴厂牌。

（2）穿厂服且清洁得体，仪容整齐大方。

（3）员工有团队精神，互帮互助，积极参加"6S"活动，时间观念强。

（4）员工言谈举止文明有礼，对人热情大方。

（5）员工工作精神饱满。

6. 6S管理之安全

（1）班前不酗酒，不在禁烟区内吸烟。

（2）重点危险区域有安全警示牌。

（3）遵守安全操作规程，保障生产正常进行，不损坏公物。

1.2.5 数控铣削加工仿真软件的使用

数控仿真软件模拟真实数控机床对零件进行仿真加工，可在虚拟的环境下，对机床进行操作，对零件加工程序进行调试，将零件的加工过程逼真地再现出来。利用数控机床实际加工零件之前，先对零件进行仿真加工，可有效地避免一些不必要的安全事故。

目前数控仿真加工软件有很多款，最常用的有上海宇龙仿真软件、南京宇航仿真软件、Vericut仿真软件、VNUC仿真软件、凯乐仿真软件以及斯沃数控仿真软件。每一款软件各有特点，本书主要以斯沃数控仿真软件为例来对零件进行仿真加工。

1. 软件的安装、启动与界面熟悉

类似于其他软件，使用前要先下载并按提示安装软件。安装好软件后桌面上会出现该软件的快捷图标，双击快捷图标或从开始菜单启动软件。

进入软件环境，可以看到斯沃数控仿真软件的界面和一般绘图软件相似，如图1-60所示，有菜单栏、工具栏和状态栏，中间区域为仿真加工区、还有数控系统操作面板、机床操作面板。数控系统操作面板和机床操作面板与真实机床完全一致。

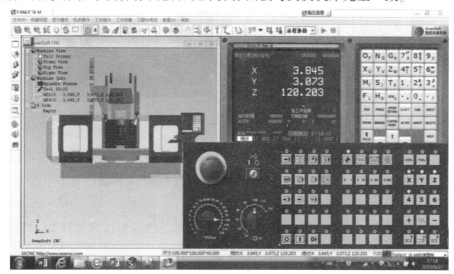

图1-60 斯沃数控仿真软件的操作界面

2. 斯沃数控仿真软件的使用

以给定数控加工程序对长方体零件上表面进行平面铣削加工为例，介绍零件的仿真加工流程。

（1）弹起急停按钮，打开程序保护开关。

（2）执行回参考点操作。先单击回参考点按钮，再分别单击Z、X、Y向按钮，执行回参考点操作。斯沃数控仿真软件的操作按钮如图1-61所示。

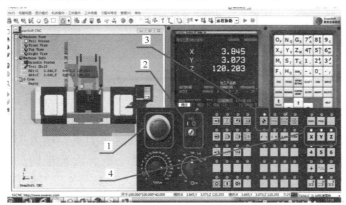

图1-61 斯沃数控仿真软件的操作按钮

1—急停按钮；2—程序保护开关；3—回参考点按钮；4—X、Y、Z向按钮

（3）设置毛坯。单击工件操作、设置毛坯，出现"设置毛坯"对话框即可对所用毛坯尺寸进行设置，如图 1-62 所示。

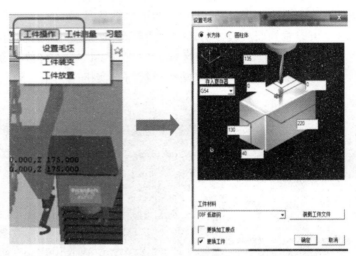

图 1-62　斯沃数控仿真软件"设置毛坯"对话框

（4）安装工件。毛坯设置好后，单击工件操作、工件装夹，选择零件的安装形式，本次选择平口钳装夹，可单击"加紧上下调整"调整工件高出钳口的高度，如图 1-63 所示。

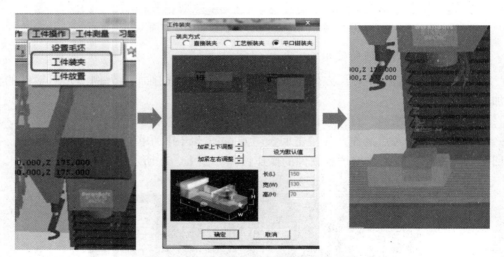

图 1-63　斯沃数控仿真软件的工件安装

（5）设置刀具。单击机床操作、刀具管理设置加工所需要刀具。首先看刀具数据库中是否有需要的刀具，假如没有，单击"添加"定义刀具：输入刀具号，选择刀具类型，定义刀具的直径和长度，在此，刀具的直径一定要设置正确。比如本次示范仿真加工零件需设置两把刀具，先设一把立铣刀，输入刀具号 9，刀具直径 $\phi12$，刀具长度 100，单击"确定"即可完成第一把刀具的设置。再设一把面铣刀，输入刀具号 10，刀具直径 $\phi80$，刀具长度 100，单击"确定"即可完成第二把刀具的设置。斯沃数控仿真软件的刀具设置界面如图 1-64 所示。

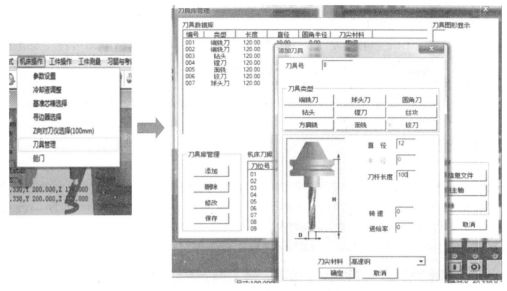

图 1-64　斯沃数控仿真软件的刀具设置界面

（6）将刀具装入主轴。先选中定义的刀具，单击"添加到刀库"将刀具放入刀库中。再选中刀库中的刀具，单击"添加到主轴"即可将所选刀具装入机床主轴。也可使用换刀指令，将刀具装入主轴，比如将刀库中 01 号刀具装入机床主轴：在 MDI 的方式下，输入 T01 M06，单击"循环启动"，就可以将需要的刀具装入主轴。

（7）对刀操作及对刀参数的输入。仿真软件中的对刀操作有两种，一种同真实机床的对刀操作过程一样，所以初学者可以先在仿真机床上练习对刀操作，熟练了再到真实机床上进行对刀操作，这样可以避免不必要的安全隐患。另一种是仅用于仿真加工的快速对刀方法，采用这种快速对刀法可以节省对刀时间，提高零件仿真加工的效率，适用于已经熟练使用数控机床的人员。两种对刀方法具体操作如下：

对刀操作一：对刀操作和参数设置过程与真实机床相同。针对本次零件的仿真加工，需要先用立铣刀完成 X、Y 向的对刀，再换面铣刀完成 Z 向对刀。具体如下：

①将立铣刀装入机床主轴，将机床视图切换为正视（左右为 X 向），手动方式将刀具移至工件上方，再将视图切换为侧视（左右为 Y 向），将刀具移至工件上方，这样试切对刀时，刀具才能够切住工件。

②启动主轴，让主轴转起来，移动刀具使刀具刚好碰到工件一侧，有切屑飞出时停止，单击"位置"按钮，切换 CRT 页面至相对位置界面，输入 Y，单击"起源"，将刀具目前所在位置置为 0，抬起刀具移至工件另一侧，移动刀具靠近工件，当刀具刚好碰到工件有切屑飞出时停止，记下此时 Y 坐标值，抬起刀具移至刚才所记录值的一半停止，然后单击"参数输入"，再单击"坐标系"，将光标定位在 G54 的 Y 坐标，输入 Y0 单击"测量"软键，即可设置好 Y 向的对刀参数。同样的方法，完成 X 向的对刀操作及参数设置。

完成 X、Y 向对刀操作及参数设置后，更换面铣刀，手动方式使面铣刀刚好切至工件上表面，打开对刀参数设置界面，将光标定位在 G54 的 Z 坐标，输入 Z0 单击"测量"软键,即可完成 Z 向对刀操作及参数设置。将刀具抬起,至此零件对刀过程完成。

对刀操作二:快速对刀方法。

单击工具栏中的"工件设置",再单击"快速定位",仿真软件即可将主轴上的刀具直接定位在工件坐标系原点,比如工件上表面的中心。然后打开对刀参数设置界面,将光标定位在 G54 的 X 坐标,输入 X0 单击"测量"软键,完成 X 向的对刀操作。再将光标定位在 G54 的 Y 坐标和 Z 坐标处,分别输入 Y0 单击"测量"软键和输入 Z0 单击"测量"软键,这样就可完成 Y、Z 两个方向的对刀操作。最后将机床切换为手动进给方式,抬起刀具。

(8) 将加工程序输入仿真机床。程序输入仿真机床有两种方式,第一种可直接通过仿真软件的操作面板,将程序输入机床;第二种先将所编程序以记事本的形式保存,有一定的格式要求,需要在程序首尾加"%"。然后依次单击编辑→程序→操作→READ 读入键→EXEC 执行键,找到程序存放的位置,选中程序,单击"打开",即可将所编的程序调入仿真软件中。程序输入机床后,即可出现如图 1-65 所示画面。

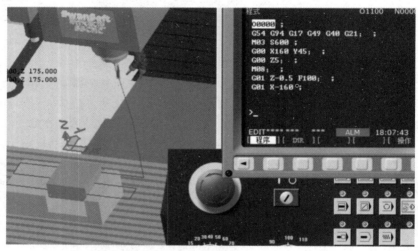

图 1-65   对好刀程序输入仿真机床后的画面

> 输入程序或调入程序时,程序名不可与仿真软件中已有的程序重名。在实际机床上加工时也是如此。

(9) 对工件进行仿真加工。将光标移至程序名,机床模式切换为自动加工模式,单击循环启动按钮,即可对零件进行仿真加工。仿真加工时,也可压下单段按键,一段一段来执行程序,这样在程序有问题时更容易发现出错的位置。零件仿真加工界面如图 1-66 所示。

(10) 对加工程序进行修正。仿真加工完毕,如果仿真结果正确,说明程序编制正确,如果仿真结果不正确,根据出错的位置修改程序,然后再进行仿真加工直到结果正确为止。

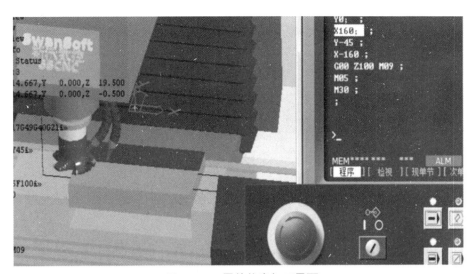

图 1-66　零件仿真加工界面

项目二　球面 4R 机构的数控铣削加工

任务 2.1　底板零件的编程与加工

2.1.1　数控铣削加工编程基础

在用数控机床加工零件前，必须要编写出零件的加工程序，所谓程序就是用特定的符号和规定的语法规则书写的机床数控系统能够识别的计算机语言。实际上，数控程序所描述的就是机床、工作台、工件、刀具的相对移动及其工艺信息。

1. 程序结构

当今世界上使用的数控系统有上百种，因此编程人员必须严格按照机床说明书要求的格式和规定进行编程。目前我国较为常见的数控系统是日本 FANUC 系统和德国 SINUMERIK 系统，两者程序格式上的主要区别如表 2－1 所示，这里以 FANUC 系统为主介绍数控程序格式和指令。

表 2－1　FANUC 系统与 SINUMERIK 系统程序格式上的区别

控制系统 项目	FANUC	SINUMERIK
代码标准	ISO 或 EIA	ISO 或 EIA
程序段格式	字地址程序段格式	字地址程序段格式
主程序名	O××××	：×××
子程序名	O××××	由英文字母、数字及下划线构成，字母开头最多 8 个字符
程序段结束符	；	LF
程序结束符	M30 或 M02	M30 或 M02

1）程序主体结构

一个完整的数控加工程序可由主程序和子程序组成，主程序和子程序分别由程序名、程序内容（若干程序段）和程序结束符组成，程序段由若干指令字组成。

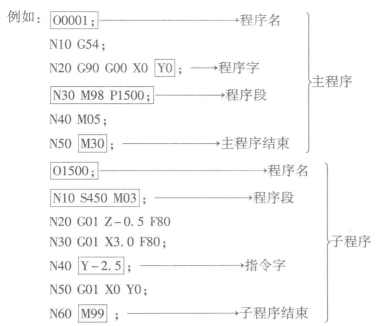

例如：O0001；————————→程序名

N10 G54；

N20 G90 G00 X0 Y0 ；→程序字

N30 M98 P1500；————→程序段

N40 M05；

N50 M30 ；————————→主程序结束

} 主程序

O1500；————————→程序名

N10 S450 M03；————→程序段

N20 G01 Z-0.5 F80

N30 G01 X3.0 F80；

N40 Y-2.5 ；————→指令字

N50 G01 X0 Y0；

N60 M99 ；————————→子程序结束

} 子程序

（1）程序名（程序号）。在程序开头要有程序号，以便进行程序检索，程序号就是给这个程序一个文件名，FANUC 系统规定程序名由地址符"O"及其后 1～9999 内的 4 位数字表示，不允许使用 O0000。

（2）主程序和子程序。在一个加工程序中，如果有若干个连续的程序段完全相同（重复走几个形状、尺寸相同的加工路线），可将这些程序段单独编成子程序，供主程序反复调用，从而缩短程序（有关子程序的相关知识，随后章节有详细介绍）。

2）程序段结构（格式）

程序是由若干程序段组成，每个程序段又由若干个指令字组成，下面列出的某程序中的一个程序段，其格式具体说明如表 2-2 所示。

N20 G01 X-12.3 F80 S250 T03 M08；

表 2-2　程序段格式说明

N-	G-	X-Y-Z-	…	F-	S-	T-	M-	；
程序段号	准备功能	坐标位置	其他坐标	进给功能	主轴转速	刀具功能	辅助功能	段结束符

各类字（指令字）的排列不要求有固定的顺序，为了书写、输入、检查和校对的方便，指令字在程序段中习惯按表 2-2 的顺序排列。书写和打印时，每个程序段一般占一行。

3）指令字格式

指令字（又称为指令、指令代码、代码字、程序字、功能字、功能代码、字）由若干个字符组成，字符主要有英文字母、数字和符号。指令字的组成如下所示：

Y - 2.5

————————— 数据（数字）

——————— 符号（负数）

————— 地址符

项目二　球面 4R 机构的数控铣削加工　■ 45

指令字字首一般是一个英文字母，它称为字的地址符。字的功能类别由地址符决定。表 2-3 所示为常见地址符的含义。

表 2-3　常见地址符的含义

名称	地址符	意义	名称	地址符	意义
程序名	%、O、P	程序编号、子程序号的指定	主轴功能	S	主轴旋转速度指令
程序段号	N	程序段顺序编号	刀具功能	T	刀具编号指令
准备功能	G	动作方式指令（直线圆弧等）	辅助功能	M	机床开/关等辅助指令
尺寸字（坐标值）	X、Y、Z	坐标轴的移动指令	补偿号	H、D	指定补偿号
	I、J、K	圆弧中心坐标	暂停	P、X	指定暂停时间
	U、V、W A、B、C	附加轴的移动、旋转指令	重复次数	L	子程序及固定循环的重复次数
进给速度	F	进给速度指令	圆弧半径	R	指定实际圆弧半径的尺寸字

程序段号字又称程序段序号字、顺序号字、语句号字。程序段号字位于程序段之首，由地址符字母 N 和后续数字组成。后续数字一般为 1~4 位的正整数。程序段号实际上与程序执行的先后次序无关，数控系统是按照程序段编写时的排列顺序逐段执行的。程序段号用于对程序的校对、修改和检索以及作为条件转向的目标。编程时一般将第一程序段冠以 N10，以后以间隔 10 递增的方法设置顺序号，这样，在调试程序时，便于在两个程序段之间插入程序段，例如，N11、N12 等。

尺寸字又称坐标值字，尺寸字用于确定机床上刀具运动终点的坐标位置。

2. 常用的指令字简介

数控加工程序指令字中最常用的是工艺指令，工艺指令大体分为三类，分别是准备性工艺指令—G 指令、辅助性工艺指令—M 指令和其他常用功能指令—T、S、F 指令。

1）准备功能指令

准备功能指令，也称为 G 功能指令、G 代码、G 功能，用于建立机床或数控系统的工作方式，由地址 G 及其后接的两位数字组成，从 G00~G99 共 100 种。下面就 FANUC 系统介绍下 G 代码，如表 2-4 所示。

2）辅助功能指令

辅助功能指令，也称为 M 功能指令、M 代码、M 功能，主要用于指定数控机床主轴启停和辅助装置的开关等动作。常用的辅助功能 M 代码如表 2-5 所示。

表 2-4　FANUC 系统 G 代码

代码	组别	功能	备注	代码	组别	功能	备注
* G00		点定位		G57		选择工件坐标系 4	
G01	01	直线插补		G58	14	选择工件坐标系 5	
G02		顺时针方向圆弧插补		G59		选择工件坐标系 6	
G03		逆时针方向圆弧插补		G65	00	宏程序调用	非模态
G04	00	暂停	非模态	G66		宏程序模态调用	
* G15	17	极坐标指令取消		* G67	12	宏程序模态调用取消	
G16		极坐标指令		G68	16	坐标旋转有效	
* G17		XY 平面选择		* G69		坐标旋转取消	
G18	02	XZ 平面选择		G73		高速深孔啄钻循环	非模态
G19		YZ 平面选择		G74		左旋攻丝循环	非模态
G20	06	英制（in）输入		G76		精镗孔循环	非模态
* G21		公制（mm）输入		* G80		取消固定循环	
G27		机床返回参考点检查	非模态	G81		钻孔循环	
G28		机床返回参考点	非模态	G82		沉孔循环	
G29	00	从参考点返回	非模态	G83	09	深孔啄钻循环	
G30		返回第 2、3、4 参考点	非模态	G84		右旋攻丝循环	
G31		跳转功能	非模态	G85		绞孔循环	
G33	01	螺纹切削		G86		镗孔循环	
* G40		刀具半径补偿取消		G87		反镗孔循环	
G41		刀具半径补偿—左		G88		镗孔循环	
G42		刀具半径补偿—右		G89		镗孔循环	
G43	07	刀具长度补偿—正		* G90	03	绝对尺寸	
G44		刀具长度补偿—负		G91		增量尺寸	
* G49		刀具长度补偿取消		G92	00	设定工作坐标系	非模态
* G50	11	比例缩放取消		* G94	05	每分进给	
G51		比例缩放有效		G95		每转进给	
G52	00	局部坐标系设定	非模态	G96	13	恒周速控制方式	
G53		选择机床坐标系	非模态	* G97		恒周速控制取消	
* G54		选择工件坐标系 1		* G98	10	固定循环返回起始点方式	
G55	14	选择工件坐标系 2		G99		固定循环返回 R 点方式	
G56		选择工件坐标系 3					

说明：①打开机床电源时，标有"＊"符号的 G 代码被激活，即为默认状态。个别同组中的默认代码可由系统参数设定选择，此时默认状态发生变化。

②G 代码按其功能的不同分为若干组。不同组的 G 代码在同一个程序段中可以指定多个，但如果在同一个程序段中指定了两个或两个以上属于同一组的 G 代码时，只有最后面的那个 G 代码有效。

③G 代码有两类：模态代码和非模态代码。非模态代码只在被指定的程序段才有意义，模态代码在同组其他 G 代码出现以前一直有效。

④在固定循环中，如果指定了 01 组的 G 代码，则固定循环被取消，即为 G80 状态；但 01 组的 G 代码不受固定循环 G 代码影响。

表 2-5　常用的辅助功能 M 代码

M 指令	功能	简要说明
M00	程序停止	切断机床所有动作，按程序启动按钮后继续执行后面程序段
M01	任选停止	与 M00 功能相似，机床控制面板上"条件停止"开关接通时有效
M02	程序结束	主程序运行结束指令，切断机床所有动作
M30	程序结束	程序结束后自动返回到程序开始位置，机床及控制系统复位
M03	主轴正转	从主轴前端向主轴尾端看时为逆时针
M04	主轴反转	从主轴前端向主轴尾端看时为顺时针
M05	主轴停止	执行完该指令后主轴停止转动
M06	刀具交换	表示按指定刀具换刀
M08	切削液开	执行该指令时，切削液自动打开
M09	切削液关	执行该指令时，切削液自动关闭
M98	调用子程序	主程序可以调用两重子程序
M99	子程序返回	子程序结束并返回到主程序

3）其他常用功能指令

（1）进给功能字。进给功能字的地址符是 F，又称为 F 功能或 F 指令，用于指定切削的进给速度。

（2）主轴转速功能字。主轴转速功能字的地址符是 S，又称为 S 功能或 S 指令，用于指定主轴转速。

（3）刀具功能字。刀具功能字的地址符是 T，又称为 T 功能或 T 指令，用于指定加工时所用刀具的编号。

2.1.2　平面铣削加工工艺知识

1. 平面铣削加工常用刀具

刀具的类型应与工件的表面形状和尺寸相适应，加工较大的平面选择面铣刀；加工分散的、较小的台阶面选择立铣刀，如图 2-1 所示。

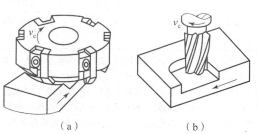

（a）　　　　　　　　　　（b）

图 2-1　平面加工

（a）面铣刀铣平面；（b）立铣刀铣凹槽平面

面铣刀目前普遍采用可转位硬质合金面铣刀，直径一般较大，为 $\phi 50 \sim \phi 500$ mm。这种刀具由一个刀体及若干个硬质合金刀片组成，圆周表面和端面上都有切削刃，端部切削刃为副切削刃。刀体通常采用 40Cr 制作，可长期使用，刀片通过夹紧元件夹固在刀体上，当刀片的一个切削刃用钝后，可直接在机床上将刀片转位或更换新刀片，其外观结构如图 2-2 所示。可转位硬质合金面铣刀铣削速度快，加工效率高，所加工零件的表面质量较好，并可加工带有硬皮和淬硬层的工件，在降低成本、操作使用等方面都具有明显的优势。目前先进的可转位式面铣刀的刀体趋向于用轻质量强度铝镁合金制造，切削刃采用大前角、负刃倾角，可转位刀片带有三维断屑槽形，便于排屑。

可转位硬质合金面铣刀按主偏角 K_r 值的大小，可分为 45°、60°、75°、90°等类型，主偏角为 90°的面铣刀还能同时加工出与平面垂直的直角面，这个面的高度受到刀片长度的限制。图 2-3 所示为 90°和 45°硬质合金面铣刀结构。

图 2-2　面铣刀外观结构

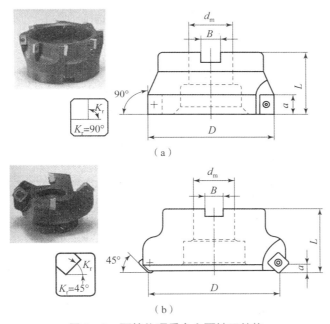

图 2-3　可转位硬质合金面铣刀结构

（a）主偏角为 90°硬质合金面铣刀；（b）主偏角为 45°硬质合金面铣刀

1. 刀具主要参数的选择

面铣刀主要参数的选择包括面铣刀的直径、齿数等。

1）面铣刀直径的选择

对于单次平面铣削，面铣刀的直径可参照下式选择：

$$D = (1.3 \sim 1.5)B$$

式中，D 为面铣刀直径，mm；B 为铣削宽度，mm。

铣面时，应尽量避免面铣刀的全部刀齿参与铣削，面铣刀整个宽度全部参与铣削（全齿铣削）会迅速磨损刀片的切削刃，并容易使切屑粘结在刀齿上，此外工件表面质量也会受到影响，严重时会造成刀片过早报废，从而增加加工的成本。

对于面积太大的平面，由于受到多种因素的限制，如机床的功率等级、刀具和可转位刀片几何尺寸、安装刚度、每次切削的深度和宽度以及其他加工因素等，面铣刀的直径不可能比平面宽度更大，这时可选择直径较小的面铣刀，采用多次进刀铣削方式，此时铣削宽度 $B=0.75D$ 可获得良好的效果，如图 2－4 所示。

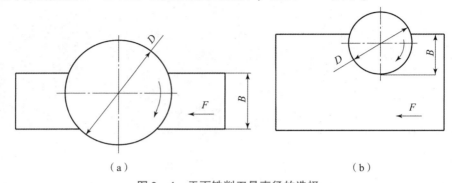

（a）　　　　　　　　　　　　（b）

图 2－4　平面铣削刀具直径的选择

（a）刀具直径大于工件宽度；（b）刀具直径小于工件宽度

2）面铣刀齿数的选择

铣刀齿数对铣削生产率和加工质量有直接影响，齿数越多，同时参与切削的齿数也多，生产率高，铣削过程平稳，加工质量好，但也要考虑其负面的影响：刀齿越密，容屑空间小，排屑不畅，因此只有在精加工余量小和切屑少的场合用齿数相对多的铣刀。可转位面铣刀有粗齿、中齿和细齿三种，如表 2－6 所示。

表 2－6　硬质合金面铣刀齿数

铣刀直径 D/mm		50	63	80	100	125	160	200	250	315	400	500	630
齿数	粗齿		3	4	5	6	8	10	12	16	20	26	32
	中齿	3	4	5	6	8	10	12	16	20	26	34	40
	细齿			8	10	12	18	24	32	40	52	64	80

粗齿面铣刀容屑空间较大，适用于钢件的粗铣，中齿面铣刀适用于铣削带有断续表面的铸件或对钢件的连续表面进行粗铣及精铣，细齿面铣刀适宜于在机床功率足够的情况下对铸件进行粗铣或精铣。

3. 刀具切削用量的选择

切削用量选择的是否合理，将直接影响铣削加工的质量。平面铣削分粗铣、半精铣、精铣三种情况。粗铣时，铣削用量选择侧重考虑刀具性能、工艺系统刚性、机床功率和加工效率等因素。精铣时侧重考虑表面加工精度的要求。

1）背吃刀量 a_p 的选择

首先选择较大的 Z 向切深 a_p 和铣削宽度。在加工平面余量不大的情况下，应尽量一次进给铣去全部的加工余量。只有当工件的加工精度较高时，才分粗、精加工平面。而当加工平面的余量较大、无法一次去除时，则要进行分层铣削。背吃刀量原则上尽可能选大些，但不能太大，否则会由于切削力过大而造成崩刀现象，可参考表2-7选择。铣削宽度可根据工件加工面的宽度尽量一次铣出，当切削宽度较小时，Z向切深可相应增大。

表2-7　铣刀切削深度推荐表

工件材料	高速钢铣刀		硬质合金铣刀	
	粗铣	精铣	粗铣	精铣
铸铁	5~7	0.5~1	10~18	1~2
低碳钢	<5	0.5~1	<12	1~2
中碳钢	<4	0.5~1	<7	1~2
高碳钢	<3	0.5~1	<4	1~2

2）切削速度 v_c 的选择

当 a_p 选定后，应在保证合理刀具寿命的前提下，确定其切削速度 v_c。在这个基础上，尽量选取较大的铣削速度。粗铣时，确定铣削速度必须考虑机床的许用功率，如果超过机床的许用功率，则应适当降低铣削速度。精铣时，一方面应考虑合理的铣削速度，以抑制积屑瘤的产生，保证表面质量；另一方面，由于刀尖磨损往往会影响加工精度，因此应选用耐磨性较好的刀具材料，并尽可能使其在最佳铣削速度范围内工作，铣削速度太高或太低都会降低生产效率，可参考表2-8选择。

表2-8　铣刀铣削速度推荐表

工件材料	切削速度/(m·min^{-1})		说　明
	高速钢铣刀	硬质合金铣刀	
低碳钢	20~45	150~190	
中碳钢	20~35	120~150	
合金钢	15~258	60~90	1. 粗铣时取小值，精铣时取大值；
灰口铸铁	14~22	70~100	2. 工件材料的强度和硬度较高时取小值，反之取大值；
黄铜	30~60	120~200	3. 刀具材料耐热性好时取大值，反之取小值
铝合金	112~300	400~600	
不锈钢	16~25	50~100	

数控铣床一般是以刀具旋转实现主运动，因此，按上述方法确定切削速度后，应把切削速度转换为主轴转速，其转换公式为：$n = 1\,000v_c/(\pi \times D)$，式中，$D$ 为铣刀直径，单位为 mm；v_c 为切削速度，单位为 m/min。计算出来的 n 值要进行圆整处理，当数控机床的主轴速度是分级变速的，要选取最接近 n 值的速度挡位。

3）进给速度 F（mm/min）与进给量 f（mm/r）的选择

铣削加工的进给速度 F 是指单位时间内工件与铣刀沿进给方向的相对位移量，单位为 mm/min。进给量是指铣刀转一周，工件与铣刀沿进给方向的相对位移量，单位为 mm/r。对于多齿刀具，其进给速度 F、刀具转速 n、刀具齿数 z、进给量 f 及每齿进给量 f_z 的关系为

$$F = fn = f_z zn$$

铣刀的进给速度大小直接影响工件的表面质量及加工效率，因此进给速度选择合理与否非常关键。一般来说，粗加工时，限制进给速度的主要因素是切削力，确定进给量的主要依据是机床的强度、刀杆刚度、刀齿强度以及机床、夹具、工件等工艺系统的刚度。在强度、刚度许可的条件下，进给量应尽量取得大些。半精加工和精加工时，限制进给速度的主要因素是表面粗糙度，为了减小工艺系统的振动，提高已加工表面的质量，一般应选取较小的进给量。刀具铣削时的每齿进给量 f_z 可参考表 2-9 选择。

表 2-9　铣刀每齿进给量 f_z 推荐表　　　　　　　　　　　mm/r

刀具名称	高速钢铣刀		硬质合金铣刀	
	铸铁	钢件	铸铁	钢件
圆柱铣刀	0.12 ~ 0.2	0.1 ~ 0.15	0.2 ~ 0.5	0.08 ~ 0.20
立铣刀	0.08 ~ 0.15	0.03 ~ 0.06	0.2 ~ 0.5	0.08 ~ 0.20
套式面铣刀	0.15 ~ 0.2	0.06 ~ 0.10	0.2 ~ 0.5	0.08 ~ 0.20
三面刃铣刀	0.15 ~ 0.25	0.06 ~ 0.08	0.2 ~ 0.5	0.08 ~ 0.20

4. 平面铣削刀路设计

平面铣削中，刀具相对于工件的位置是否适当将影响切削加工的状态和加工质量。

1）刀具直径大于平面宽度

当刀具直径大于平面宽度时，刀具相对于工件的位置会出现以下三种：

（1）对称铣。刀具中心轨迹与工件中心线重合，刀齿切入与切出时切削厚度相同且不为零，这种铣削称为对称铣削，如图 2-5（a）所示。刀具中心处于工件中间位置，容易引起颤振，从而影响表面加工质量，因此应该避免刀具中心处于工件中间位置。

（2）不对称逆铣。刀具中心轨迹偏离工件中心线，铣刀以较小的切削厚度（不为零）切入工件，以较大的切削厚度切出工件，这种铣削称为不对称逆铣，如图 2-5（b）所示。不对称逆铣时，刀齿切入没有滑动，也没有铣刀进行逆铣时所产生的各种不良现象，而且采用不对称逆铣，可以调节切入与切出的切削厚度，切入厚度小，可以减小冲击，有利于提高铣刀的耐用度，适合铣削碳钢和一般合金钢，这是最常用的铣削方式。

（3）不对称顺铣。刀具中心轨迹偏离工件中心线，铣刀以较大切削厚度切入工件，以较小的切削厚度切出工件时，这种铣削称为不对称顺铣，如图 2-5（c）所示。不对称顺铣，刀齿切入工件时虽有一定冲击，但可避免刀刃切入冷硬层，在铣削冷硬性材料、不锈钢和耐热钢等材料时，可使切削速度提高 40% ~ 60%，并可减少硬质合金刀具的热裂磨损。

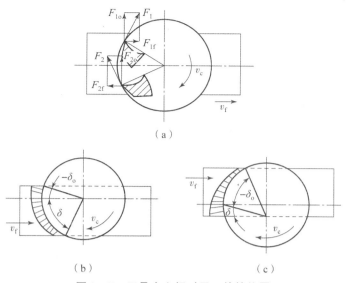

（a）

（b）   （c）

图 2 - 5　刀具中心相对于工件的位置

（a）对称铣削；（b）不对称逆铣；（c）不对称顺铣

注意：无论是不对称顺铣还是不对称逆铣，拟定刀心轨迹时，应尽量避免刀心轨迹与工件边缘线重合，如图 2 - 6（a）所示，因这种情况下刀片切入工件材料时的冲击力最大，是最不利刀具寿命和加工质量的情况；也应尽量避免刀心轨迹在工件边缘外，如图 2 - 6（b）所示，因这种情况下刀具刚刚切入工件时，刀片相对工件材料冲击速度大，引起碰撞力也较大，容易使刀具破损或产生缺口。而当刀心处于工件内时，如图 2 - 6（c）所示，已切入工件材料的刀片承受最大切削力，而刚切入（撞入）工件的刀片将受力较小，引起碰撞力也较小，从而可延长刀片寿命且引起的振动也小一些。由此可见设计刀路时刀心轨迹在工件边缘与中心线间是理想的选择。

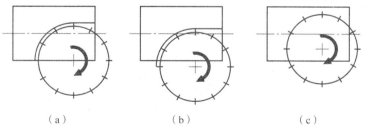

（a）　　　　　　　（b）　　　　　　　（c）

图 2 - 6　刀具相对于工件的位置

（a）刀心在工件边缘；（b）刀心在工件之外；（c）刀心在工件边缘与中心线间

如图 2 - 7 所示，虽然刀心轨迹在工件边缘与工件中心线间，但图 2 - 7（b）中面铣刀所有切削刃全部参与铣削加工，刀具容易磨损，图 2 - 7（a）所示的刀具铣削位置是合适的。

2）刀具直径小于平面宽度

当工件平面较大、无法用一次进给切削完成时，就需采用多次进刀切削，而两次进给之间要求一定的重叠接刀痕。一般大面积平行面铣削刀具进给路径有以下三种，如图 2 - 8 所示。

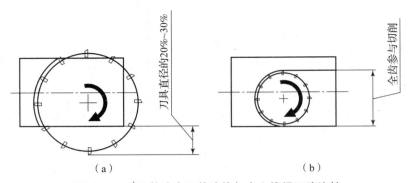

图 2-7　刀心轨迹在工件边缘与中心线间刀路比较

（a）部分切削刃参与铣削加工；（b）所有切削刃全部参与铣削加工

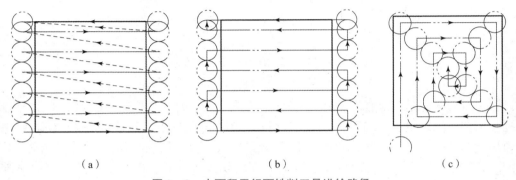

图 2-8　大面积平行面铣削刀具进给路径

（a）单向平行切削路径；（b）往复平行切削路径；（c）环形切削路径

　　平行切削进给就是在一个方向单程或往复直线走刀切削，所有接刀痕都是方向平行的直线，单向平行走刀加工平面精度高，但切削效率低（有空行程），往复平行走刀加工平面精度低（因顺、逆铣交替），但切削效率高。对于要求精度较高的大型平面，一般都采用单向平行进刀方式，每两刀之间行距取 75%～80% 为宜。环形切削进给，这种加工方式刀具总行程最短，生产效率最高。如果在工件四角处采用直角拐弯，由于要切换进给方向会造成刀具停在一个位置无进给切削，使工件四角被多切了一薄层，从而影响了加工面的平面度，因此在拐角处应尽量采用圆弧过渡。

2.1.3　基本编程指令

1. 快速定位指令（G00）

功能：该指令控制刀具以点定位方式从刀具所在点快速定位到指定点。

指令格式：G00 X_ Y_ Z_；

说明：

（1）其中，X_、Y_、Z_为快速定位的目标点坐标，可以是绝对值也可用增量值，当使用增量值时，X_、Y_、Z_为目标点相对于前一个刀位点的增量坐标；当使用绝对值时，X_、Y_、Z_为目标点在工件坐标系下的绝对坐标值。

（2）移动速度不能用程序指令 F 设定，由机床参数"最高快速移动速度"对各轴分别设定，快速移动速度可由机床控制面板上的快速修调旋钮修正。

（3）G00 的执行过程：刀具由程序起始点加速到最大速度，然后快速移动，最后减速到终点，实现快速点定位。至于刀具快速移动的轨迹是一条直线还是一条折线则由各坐标轴的脉冲当量来决定。

（4）G00 是模态指令，也可以写作 G0。

2. 直线插补指令（G01）

功能：该指令控制刀具以两坐标或三坐标联动插补的方式按指定的进给速度做任意斜率的直线运动。

指令格式：G01 X_ Y_ Z_ F_；

说明：

（1）其中，X_、Y_、Z_ 为目标点坐标，可以是绝对值也可用增量值，F_ 为切削进给速度，在 G01 程序段中必须含有 F 指令，如果在 G01 程序段前的程序中没有指定 F 指令，而在 G01 程序段中也没有 F 指令，则机床不运动，有的系统还会出现报警信息。

（2）G01 和 F 都是模态指令，前一段已指定，后面的程序段都可不再重写。

注意：G01 直线插补刀具的实际运动路线一定是直线。但 G00 快速定位刀具的实际运动路线不一定是直线，使用时注意刀具与工件发生干涉，如图 2 – 9 所示。

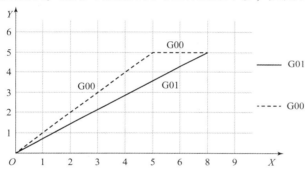

图 2 – 9　G00 快进模式和 G01 直线插补模式的比较

3. 尺寸形式指令

1）绝对尺寸/增量尺寸编程指令（G90/G91）

功能：设定编程时的坐标值为增量值或者绝对值。

指令格式：G90/G91；

说明：

（1）G90 绝对值编程，每个编程坐标轴上的编程值是相对于工件坐标系原点的，G90 为缺省值。

（2）G91 相对值编程，每个编程坐标轴上的编程值是相对于刀具前一个位置而言的。

（3）G90、G91 是一对模态指令，FANUC 系统中在同一程序段中只能用一种。

例：如图 2 – 10 所示，已知刀具中心轨迹为 $A→B→C$，起点为 A，则编程如表 2 – 10 所示。

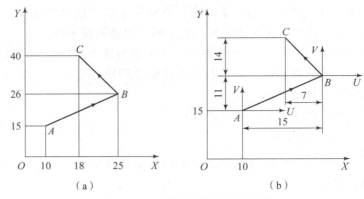

图 2 – 10   绝对坐标与相对坐标

（a）绝对坐标；（b）相对坐标

表 2 – 10   G90、G91 编程方式比较

绝对坐标编程方式	相对坐标编程方式	运动路线
…	…	
G90 G01 X25 Y26 F60；	G91 G01 X15 Y11 F60；	A→B
G01 X18 Y40；	G01 X – 7 Y14；	B→C
…	…	

2）公制尺寸/英制尺寸指令（G20/G21）

功能：根据工程图纸要求，数控系统可根据所设定的状态，利用代码把所有的几何值转换为公制尺寸或英制尺寸。

指令格式：G20/G21；

说明：

（1）G20 表示英制尺寸输入；G21 表示公制尺寸输入。

（2）转换后刀具补偿值、零点偏置值和进给率 F 也会相应改变。

（3）该指令为模态指令。系统上电后，机床默认为公制状态。

（4）公制或英制指令断电前后一致。

（5）SINUMERIK 系统公制尺寸或英制尺寸采用 G71/G70 代码表示。

（6）公制与英制单位的换算关系为：1 mm = 0.039 4 in，1 in = 25.4 mm。

4. 进给速度单位控制指令（G94/G95）

功能：用于指定刀具移动时的进给速度单位。

指令格式：G94/G95；

说明：G94 指令指定刀具进给速度的单位为毫米/分钟（mm/min）；G95 指令指定刀具进给速度的单位为毫米/转（mm/r）。

5. 工件坐标系设定指令

1）工件坐标系建立指令

指令格式：G92 X_ Y_ Z_；

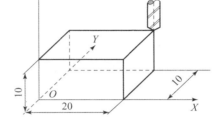

说明：

（1）X_、Y_、Z_为主轴上刀具的基准点（刀位点）在工件坐标系下的绝对坐标值。

（2）程序中使用该指令建立工件坐标系，该指令应位于程序第一句。

（3）程序自动运行时，如果第一条程序是 G92 指令，那么执行后，刀具并不运动，只是当前点被置为 X_、Y_、Z_的设定值，那么工件原点则由当前点倒推确定。

（4）G92 是以刀具基准点为基准，所以使用时要注意刀具位置，必须事先把刀具移至 X_、Y_、Z_位置，如果位置有误，则坐标系会被错误偏置。

例：G92 X20 Y10 Z10；

其确立的工件坐标系原点在距离刀具起始点 $X = -20$，$Y = -10$，$Z = -10$ 的位置上，如图 2 - 11 所示。

图 2 - 11　G92 设定工件坐标系

2）坐标系偏置指令

指令格式：G54（G54 ~ G59）；

说明：

（1）加工前，将通过对刀测得的工件原点在机床坐标系中的坐标值输入机床偏置页面对应的 G54 ~ G59 中去，如图 2 - 12 所示，编程时，指令行里写入相应的 G54 ~ G59 即可。

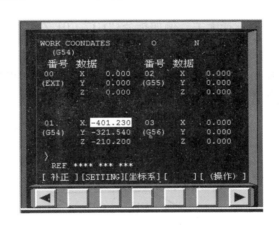

图 2 - 12　工件坐标系设定界面

（2）G54 ~ G59 为模态代码，可相互注销，不能与 G92 混用。

（3）G54 ~ G59 是在加工前设定好的坐标系，而 G92 是在程序中设定的坐标系。

G92 指令与 G54 ~ G59 指令都是用于设定工件加工坐标系的，但在使用中是有区别的：

① G92 指令是通过程序来设定工件坐标系的，它所设定的工件坐标系原点与当前刀具所在的位置有关，这一原点在机床坐标系中的位置是随当前刀具位置的不同而改变的。

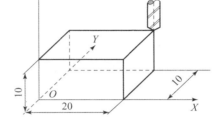

② G54～G59 指令是通过设置参数方式设定工件坐标系的，一旦设定，工件坐标系原点在机床坐标系中的位置是不变的，它与刀具的当前位置无关，除非再通过设置参数的方式修改。

6. 坐标平面选择指令（G17/G18/G19）

功能：指定加工所需要的坐标平面，如图 2-13 所示。

指令格式：G17（或 G18 或 G19）；

G17 表示选择 XY 平面；

G18 表示选择 XZ 平面；

G19 表示选择 YZ 平面。

说明：（1）坐标平面选择指令适用于以下情况的平面定义：

①定义刀具半径补偿平面。

②定义圆弧插补平面。

（2）当用 G41、G42、G43、G44 刀补时，不得变换定义平面。

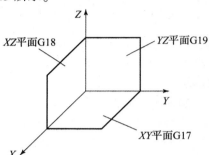

图 2-13 坐标平面

（3）三联动直线插补无平面选择问题。

（4）移动指令与平面选择无关，例如指令"G17 G01 Z10"，轴照样会移动。

7. 圆弧插补指令（G02/G03）

功能：G02 表示在指定的平面内顺时针圆弧插补；G03 表示在指定的平面内逆时针圆弧插补。坐标平面选择指令与圆弧插补指令的关系如图 2-14 所示。

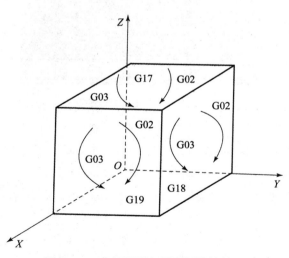

图 2-14 坐标平面与圆弧插补的关系

指令格式：

FANUC 系统：

$$G17 \begin{Bmatrix} G02 \\ G03 \end{Bmatrix} X\_Y\_ \begin{Bmatrix} R\_; \\ I\_J\_; \end{Bmatrix} \qquad G18 \begin{Bmatrix} G02 \\ G03 \end{Bmatrix} X\_Z\_ \begin{Bmatrix} R\_; \\ I\_K\_; \end{Bmatrix} \qquad G19 \begin{Bmatrix} G02 \\ G03 \end{Bmatrix} Y\_Z\_ \begin{Bmatrix} R\_; \\ J\_K\_; \end{Bmatrix}$$

SINUMERIK 系统：

$$G17 \begin{Bmatrix} G02 \\ G03 \end{Bmatrix} X\_Y\_ \begin{Bmatrix} CR=\_; \\ I\_J\_; \end{Bmatrix} \qquad G18 \begin{Bmatrix} G02 \\ G03 \end{Bmatrix} X\_Z\_ \begin{Bmatrix} CR=\_; \\ I\_K\_; \end{Bmatrix} \qquad G19 \begin{Bmatrix} G02 \\ G03 \end{Bmatrix} Y\_Z\_ \begin{Bmatrix} CR=\_; \\ J\_K\_; \end{Bmatrix}$$

其中，X_、Y_、Z_为圆弧终点坐标；I_、J_、K_为圆弧中心在各轴方向上相对于圆弧起点的坐标增量值，有正负号，与编程方式 G90/G91 无关，当 I_、J_、K_为零时可以省略；R_、CR=_为圆弧半径。

说明：

（1）顺时针圆弧与逆时针圆弧的判别方法。站在与指定平面相垂直的坐标轴的正向往负向观察，如果刀具是按顺时针路径做圆弧插补运动用 G02 指令，按逆时针路径做圆弧插补运动用 G03 指令，如图 2 – 15 所示。

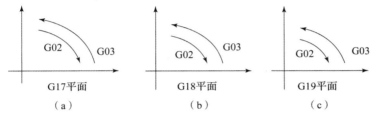

图 2 – 15　圆弧顺逆的判别

（2）用圆弧半径 R 编程。除了可以用 I、J、K 表示圆弧圆心的位置外，还可以用圆弧半径表示圆心的位置。对于同一半径 R，在圆弧的起点和终点之间有可能形成两个圆弧，为此规定圆心角 $\alpha < 180°$ 时（即劣弧），R 取正值；$\alpha > 180°$（即优弧）时，R 取负值；$\alpha = 180°$ 时，R 取正负值均可。

（3）程序段中同时给出 I、J、K 和 R 时，以 R 值优先，I、J、K 无效。

（4）当加工整圆时，不能用圆弧半径 R 编程。

（5）在 G90 时，圆弧终点坐标是相对编程零点的绝对坐标值；在 G91 时，圆弧终点是相对圆弧起点的增量值。

例1：优弧、劣弧、整圆的插补、增量、绝对指令练习，如图 2 – 16 所示。其程序编制如表 2 – 11 和表 2 – 12 所示。

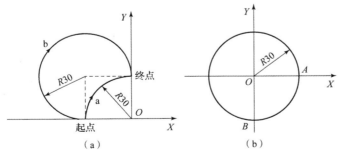

图 2 – 16　劣弧、优弧、整圆编程

（a）劣弧、优弧；（b）整圆

表 2-11　优弧、劣弧的程序

类别	劣弧（a 弧）	优弧（b 弧）
增量编程	G91 G02 X30 Y30 R30 F100;	G91 G02 X30 Y30 R-30 F100;
	G91 G02 X30 Y30 I30 J0 F100;	G91 G02 X30 Y30 I0 J30 F100;
绝对编程	G90 G02 X0 Y30 R30 F100;	G90 G02 X0 Y30 R-30 F100;
	G90 G02 X0 Y30 I30 J0 F100;	G90 G02 X0 Y30 I0 J30 F100;

表 2-12　整圆的程序

类别	从 A 点顺时针一周	从 B 点逆时针一周
增量编程	G91 G02 X0 Y0 I-30 J0 F100;	G91 G03 X0 Y0 I0 J30 F100;
绝对编程	G90 G02 X30 Y0 I-30 J0 F300;	G90 G03 X0 Y-30 I0 J30 F100;

例 2：如图 2-17 所示，A 点为始点，B 点为终点，其程序编制如表 2-13 所示。

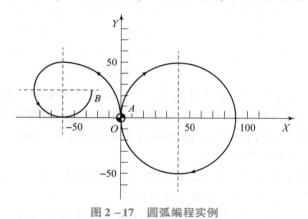

图 2-17　圆弧编程实例

表 2-13　圆弧编程实例的程序

使用分矢量 I、J 编程	使用圆弧半径 R 编程
O0001;	O0002;
G90 G54 G02 I50.0 J0 F100;	G90 G54 G02 I50.0 J0 F100;（加工整圆只能用 I、J、K 指定）
G03 X-50.0 Y50.0 I-50.0 J0;	G03 X-50.0 Y50.0 R50.0;
X-25.0 Y25.0 I0 J-25.0;	X-25.0 Y25.0 R-50.0;
M30;	M30;

例 3：如图 2-18 所示，半径 R 等于 50 的球面其球心位于坐标原点 O，刀心轨迹为 A→B→C→A，数控程序如下：

```
O0001;
…
G90 G54 G17 G03 X0 Y50.0 I-50.0 J0 F100;
G19 G91 G03 Y-50.0 Z50.0 J-50.0 K0;
G18 G03 X50.0 Z-50.0 I0 K-50.0;
…
M30;
```

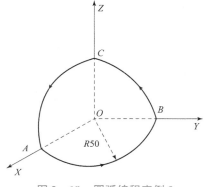

图 2-18 圆弧编程实例 3

2.1.4 二维轮廓铣削加工工艺知识

1. 二维轮廓铣削加工常用刀具

一般情况下，常用立铣刀来执行零件二维外轮廓铣削，其圆柱表面和端面上都有切削刃，它们可同时进行切削，也可单独进行切削。立铣刀圆柱表面的切削刃为主切削刃，端面上的切削刃为副切削刃，主要用来加工与侧面相垂直的底平面。主切削刃一般为螺旋齿，可以增加切削平稳性，提高加工精度。由于普通立铣刀端面中心处无切削刃，所以立铣刀通常不能做轴向大深度进给。按结构和材料分，立铣刀主要有以下几种，如图 2-19 所示。

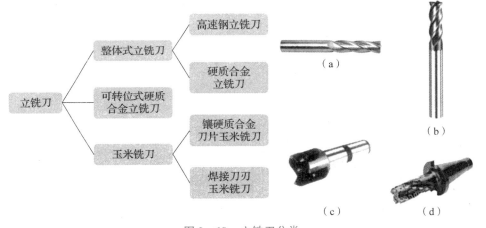

图 2-19 立铣刀分类

(a) 高速钢立铣刀；(b) 硬质合金立铣刀；(c) 可转位式硬质合金立铣刀；(d) 玉米铣刀

高速钢立铣刀具有韧性好、易于制造和成本低等特点，但由于刀具硬度（特别是高温下的硬度）低，难以满足高速切削要求，因而限制了其使用范围。硬质合金立铣刀具有硬度高和耐磨性好等特性，可获得较高切削速度及较长的使用寿命，且金属去除率高，刃口经过精磨的整体硬质合金立铣刀可以保证所加工零件的形位公差及较高的表面质量，通常作为精铣刀具使用。与整体式硬质合金立铣刀相比，可转位式硬质合金立铣刀的尺寸形状误差相对较差，直径一般大于 10 mm，因而通常作为粗铣刀具或半精铣刀具使用。玉米铣刀可分为镶硬质合金刀片玉米铣刀及焊接刀刃玉米铣刀两种类型，这种铣刀具有高速、大切深和表面质量好等特点，在生产中常用于大切深的粗铣加工或半精铣加工。

2. 二维轮廓——外轮廓铣削进退刀路的设计

刀具进退刀路线设计得合理与否，对保证所加工的轮廓表面质量非常重要。

1）垂直方向（Z 向）进退刀路设计

外轮廓铣削时，刀具要从毛坯之外垂直下刀，如图 2 - 20 所示。

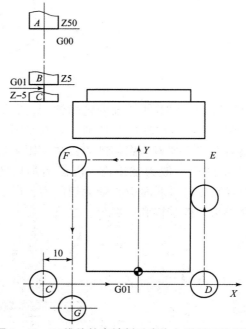

图 2 - 20　二维外轮廓铣削垂直方向进退刀路设计

刀具的进退刀路设计如下：

（1）定位到毛坯之外的 A 点；

（2）Z 向垂直靠近工件到达 B 点；

（3）Z 向垂直下刀至 C 点；

（4）水平方向切入；

（5）沿轮廓进行铣削加工 $C \rightarrow D \rightarrow E \rightarrow F \rightarrow G$；

（6）轮廓铣削完毕，刀具水平方向退出轮廓；

（7）垂直抬刀。

2）水平方向进退刀路设计

一般来说，水平方向精加工时，刀具进退刀路的设计应尽可能遵循切向切入、切向切出工件的原则。常见的有如图 2 - 21 所示几种方式。

3. 二维轮廓——内轮廓铣削进退刀路的设计

1）垂直方向（Z 向）进退刀路设计

内轮廓铣削时，刀具要从加工轮廓内下刀，且下刀点距加工轮廓要有一定的安全距离，其进、退刀路设计如下：

（1）定位到内轮廓内某点（安全位置）；

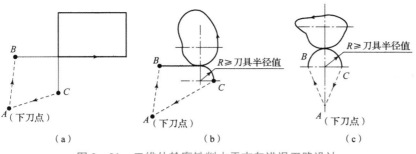

图 2-21　二维外轮廓铣削水平方向进退刀路设计

(a) 直线 - 直线方式；(b) 直线 - 圆弧方式；(c) 圆弧 - 圆弧方式

(2) Z 向垂直靠近工件；

(3) Z 向下刀（垂直、斜线、螺旋下刀）；

(4) 水平方向切入；

(5) 沿轮廓进行铣削加工；

(6) 轮廓铣削完毕，刀具水平方向退出轮廓；

(7) 垂直抬刀。

2）水平方向进退刀路设计

封闭内轮廓精铣加工，水平方向刀具进、退刀路的设计也尽可能沿切向切入和切向切出。若内轮廓曲线允许外延，则应沿切线方向切入∕切出；若内轮廓曲线不允许外延，可采用圆弧进退刀的方式。图 2-22 所示为封凹闭槽（二维内轮廓）铣削进退刀路的设计。

4. 封闭内轮廓（型腔）粗铣下刀方式

封闭内轮廓零件如图 2-23 所示，其轮廓曲线首尾相连，形成一个闭合的凹轮廓。封闭内轮廓粗铣（挖槽）时的下刀方式主要有垂直下刀、斜线下刀和螺旋下刀三种。

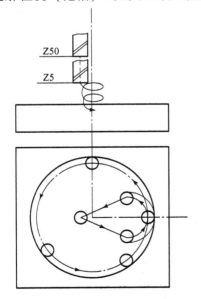

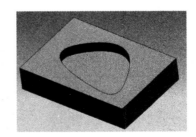

图 2-22　封凹闭槽（二维内轮廓）
铣削进退刀路的设计

图 2-23　封闭内轮廓零件

1）垂直下刀

对于小面积切削和零件表面粗糙度要求不高的情况，可使用键槽铣刀直接垂直下刀并进行切削。虽然键槽铣刀其端部刀刃通过铣刀中心，有垂直吃刀的能力（键槽铣刀和立铣刀切削刃端部结构区别如图2-24所示），但由于键槽铣刀只有两刃切削，加工时的平稳性也就较差，因而表面粗糙度较低；同时在同等切削条件下，键槽铣刀较立铣刀的每刃切削量大，因而刀刃的磨损也就较大，在大面积切削中的效率较低。所以采用键槽铣刀直接垂直下刀并进行切削，通常只用于小面积切削和被加工零件表面粗糙度要求不高的情况下。

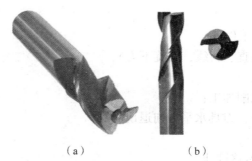

（a）　　　　　　（b）

图2-24　键槽铣刀和立铣刀切削刃端部结构区别

（a）立铣刀端面；（b）键槽铣刀端面

对于大面切削和零件表面粗糙度要求较高的情况，加工时一般采用具有较高平稳性和较长使用寿命的立铣刀来加工，但由于立铣刀的底部切削刃没有过刀具的中心，立铣刀在垂直进刀时没有较大切深的能力，因此一般先在下刀位置用键槽铣刀垂直进刀或用钻头预钻一个孔，然后用多刃立铣刀从预钻孔处下刀，进行内轮廓的铣削加工，如图2-25所示。

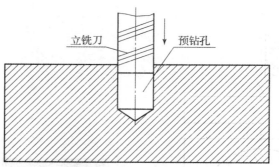

立铣刀　　　　　预钻孔

图2-25　立铣刀通过预钻孔下刀

2）斜线下刀

斜线下刀方式，就是刀具快速下至加工表面上方一个距离后，改为一个以与工件表面成一角度的方向斜线方式切入工件来达到 Z 向进刀的目的。斜线下刀有效地避免了不好的端刃切削情况，极大改善了刀具的切削条件，提高了刀具使用寿命及切削效率，广泛用于大尺寸型腔的开粗。但斜线下刀时切入角度 α 必须根据刀具直径、刀片、刀体下面的间隙等刀片尺寸及背吃刀量 a_p 的情况来确定，如图2-26所示。一般 α 选3°~5°为宜，通常进刀切入角度和反向进刀切入角度取相同的值；坡走距离 L_m 应大于

刀具直径 D_c。

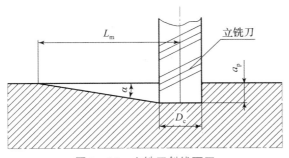

图 2 – 26　立铣刀斜线下刀

3）螺旋下刀

螺旋下刀方式是现代数控加工应用较为广泛的下刀方式，通过刀片侧刃和底刃的切削，避开立铣刀中心无切削刃部分与工件的干涉，使刀具沿螺旋朝深度方向渐进从而达到进刀的目的，这样可以在切削的平稳性与切削效率之间取得一个较好的平衡点。

采用螺旋下刀方式粗铣型腔，其螺旋角通常控制在 3° ~ 5°，同时螺旋半径 R 值（即刀具中心轨迹）也需根据刀具结构及相关尺寸确定，为安全起见，常取 $R \geqslant D_c/2$，其中 D_c 为刀具直径，如图 2 – 27 所示。

4）螺旋线插补指令

只有执行螺旋线插补指令才能实现螺旋下刀。与圆弧插补指令相同，G02 和 G03 分别表示顺时针和逆时针螺旋线插补，其方向的定义与圆弧插补相同，在进行圆弧插补时，垂直于插补平面的坐标同步运动，就构成螺旋线插补运动。

（1）G02/G03——FANUC 系统螺旋插补指令。

功能：控制刀具在 G17/G18/G19 指定的平面内做圆弧插补运动，同时还控制刀具在垂直于插补平面的轴上做直线运动，形成螺旋移动轨迹，如图 2 – 28 所示。

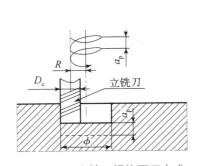

图 2 – 27　立铣刀螺旋下刀方式

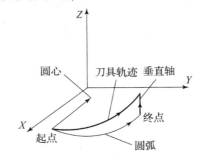

图 2 – 28　螺旋线插补

指令格式：

在 XY 平面圆弧螺旋线插补指令：

G17 G02/G03 X_ Y_ Z_ I_ J_ （R_ ）Z_ F_ ；

式中，X_、Y_、Z_为螺旋线终点坐标值；I_、J_为圆心在 X 轴、Y 轴上相对于螺旋线起点的增量坐标；R_为螺旋线在 XY 平面上的投影半径。

另外两个平面的圆弧螺旋线插补指令：

G18 G02/G03 X_ Z_ I_ K_ （R_ ）Y_ F_ ；

G19 G02/G03 Y_ Z_ J_ K_ （R_ ）X_ F_ ；

指令中各参数的意义与 G17 平面的螺旋线插补指令相同。

（2）G02/G03，TURN——SINUMERIK 系统螺旋插补指令。

指令格式：

G17 G02/G03 X_ Y_ I_ J_ （CR =_）Z_ TURN =_ F_ ；

G18 G02/G03 X_ Z_ I_ K_ （CR =_）Y_ TURN =_ F_ ；

G19 G02/G03 Y_ Z_ J_ K_ （CR =_）X_ TURN =_ F_ ；

其中，CR =_为螺旋线在相应平面上的投影半径；TURN =_指定整圆循环的个数。

2.1.5　刀具半径补偿功能

1. 刀具半径补偿的概念

数控机床在加工过程中控制的是刀具中心的轨迹。为了方便起见，编程人员只需根据工件轮廓编程，而程序中给出刀具半径补偿指令，同时对机床控制面板中的对应参数进行设置（图2-29），加工时数控系统就会自动计算出刀具中心轨迹，偏置一定的距离后走刀，从而加工出所需的工件轮廓。这种按零件轮廓编制程序和预先设定偏置参数，数控装置能实时自动生成刀具中心轨迹的功能称为刀具半径补偿功能。

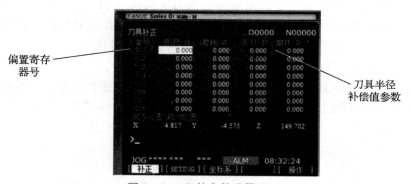

偏置寄存器号

刀具半径补偿值参数

图2-29　刀补参数设置页面

2. 刀具半径补偿的方向

根据 ISO 标准，处在补偿平面外的另一根轴的正向，沿着刀具的运动方向看，如刀具在工件轮廓左侧进行补偿称为左刀补，用 G41 表示，这时相当于顺铣，如图2-30（a）所示。如刀具在工件轮廓右侧进行补偿称为右刀补，用 G42 表示，这时相当于逆铣，如图2-30（b）所示。从刀具寿命、加工精度、表面粗糙度而言，顺铣效果较好，因此 G41 使用较多。当不需要进行刀具半径补偿时，用 G40 取消刀具半径补偿。

3. 刀具半径补偿指令（G41/G42/G40）

刀具半径补偿指令的格式如下：

G17/G18/G19 G01/G00 G41/G42 α_ β_ D_ （F_）；建立刀具半径补偿

G17/G18/G19 G01/G00 G40 α_ β_ ；取消刀具半径补偿

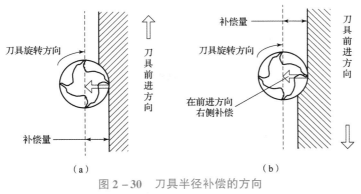

图 2-30　刀具半径补偿的方向

(a) 左刀补 G41；(b) 右刀补 G42

说明：

（1）G41/G42 表示建立刀具半径左补偿/刀具半径右补偿。

（2）α_、β_表示 G00、G01 运动的终点坐标，在 G17 平面代表 X_、Y_；在 G18 平面代表 Z_、X_；在 G19 平面代表 Y_、Z_。

（3）D_用于指定存放刀具半径补偿值的刀具偏置存储器号。刀具号与刀具偏置寄存器号可以相同，也可以不同，一般情况下，为防止出错，最好采用相同的刀具号与刀具偏置存储器号。

（4）G40 表示取消刀具半径补偿。机床通电后，为取消半径补偿状态。

4. 刀具半径补偿的过程

刀具半径补偿的过程包括三步：

（1）建立刀补。当刀具从起点接近工件时，刀具中心从与编程轨迹重合过渡到与编程轨迹偏离一个偏置量的过程。如图 2-31 所示，OA 段为建立刀补段，必须用直线 G01 或 G00 编程，示例程序段如"G41 G01 X20 Y10 F100 D01；"。

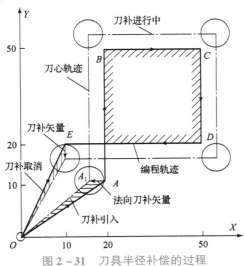

图 2-31　刀具半径补偿的过程

若不用刀具半径补偿，则当 OA 段程序执行结束时，刀具中心在 A 点；如采用刀补，则刀具将让出一个刀具半径的偏移量，使刀具中心移动到 A_1 点。

（2）刀补进行。在 G41、G42 程序段执行后，刀具中心始终与编程轨迹相距一个偏置量，直到刀补取消。

（3）取消刀补。即刀具离开工件，刀具中心轨迹由偏离零件轮廓一个偏置量过渡到与编程轨迹重合的过程，如图 2-31 中 EO 段为取消刀补段。和建立刀补一样，也必须用直线 G01 或 G00 编程，示列程序段如 "G40 G01 X0 Y0;"，取消刀补完成后，刀具又回到了起点位置 O。

图 2-31 所示刀具半径补偿的全过程编程如下：

```
G90 G01 G41 X20 Y10 D01 F80;      O→A 刀补建立
G01 Y50;                          A→B  ┐
X50;                              B→C  │
Y20;                              C→D  ├ 刀补进行
X10;                              D→E  │
G01 G40 X0 Y0;                    E→O 刀补取消
```

5. 使用刀具半径补偿注意事项

（1）刀具半径补偿模式的建立和取消必须在所补偿的平面内，且只能在 G00/G01 插补指令状态下才有效，而且移动的距离要大于刀具半径补偿值。

（2）G41、G42、G40 必须在 G00 或 G01 模式下使用才有效，而不能和 G02、G03 一起使用。

（3）刀补的建立需要一个过程，如果在加工开始时，半径补偿仍未加上，刀具运行的轨迹将成为斜线，偏离工件轮廓，造成尺寸超差，所以补偿时开始点的选择非常重要。刀补的取消过程也一样。所以为避免过切现象，一般切入工件之前就把刀补建立起来，加工完后刀具离开工件再取消刀补，且补偿开始点位置与终止点位置最好与补偿方向位于工件同一侧，如图 2-32 所示。

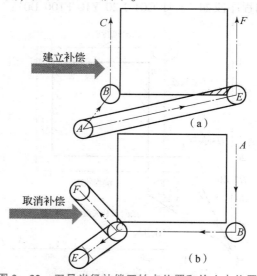

图 2-32　刀具半径补偿开始点位置和终止点位置
(a) 建立补偿；(b) 取消补偿

（4）G41、G42 不能重复使用，且在使用时不允许出现连续两个程序段为无选择坐标平面的移动指令，否则可能产生进刀不足或进刀超差。其原因是进入刀补状态后，要预读两段来判别补偿的方向，无选择坐标平面的移动指令则无法确定前进的方向。

（5）D00～D99 为刀具偏置寄存器号，D00 意味着取消刀具补偿。一般情况下，刀具半径补偿值应为正值，如果补偿值为负，则 G41 和 G42 正好相互替换，通常在模具加工中利用这一特点，可用同一程序加工同一公称尺寸的内外两个型面。

> ① 刀具补偿值不一定等于刀具半径。
> ② 在加工或程序运行之前必须将刀具半径补偿值设定在刀具偏置存储器中。

6. 刀具半径补偿的应用

（1）改变刀补值适应刀具的变化。编程时，直接按零件轮廓编程。在零件的自动加工过程中，刀具的磨损、重磨甚至更换经常发生，应用刀补值的变化可以完全避免在刀具磨损、重磨或更换时重新修改程序的工作。在零件加工过程中，刀具由于磨损而使其半径变小，若造成工件误差超出其工件公差，则不能满足加工要求。假设原来设置的刀补值为 r，经过一段时间的加工后，刀具半径的减小量为 Δ，此时可仅修改该刀具的刀补值——由原来的 r 改为 $r-\Delta$，而不必改变原有的程序即可满足加工要求。同样，当刀具重磨后亦可照此处理。当需要更换刀具时可以用新刀具的半径值作为刀补值代替原有程序中的刀补值进行加工。由此可见，正是由于刀补值的变化适应了刀具的变化，才可以在不改变原有程序的情况下满足其加工要求。由此，编程人员还可在未知实际使用刀具尺寸的情况下，先假设一定刀具尺寸来进行编程，实际加工时，利用半径补偿可用实际刀具半径代替假设刀具半径。

（2）改变刀补值实现零件的粗、精加工。刀具半径补偿功能还有一个很重要的用途，即人为地使刀具中心与工件轮廓的偏置值不是一个刀具半径，而是某一给定值，利用这个特点则可以用来处理粗、精加工问题。在粗加工时，可将刀具实际半径再加上精加工余量作为刀具半径补偿值输入，而在精加工时只输入刀具实际半径值，这样可使粗、精加工采用同一个程序。其补偿方法为：设精加工余量为 Δ，刀具半径为 r，粗加工时，在刀具偏置寄存器内人工输入刀具偏置值为 $r+\Delta$，即可完成粗加工，如图 2-33（a）所示；在精加工时，输入刀具的实际半径值 r，即可完成最终的轮廓精加工。

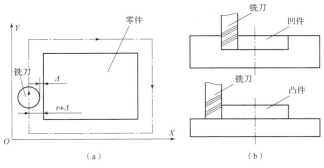

图 2-33　刀具半径补偿的应用

（a）改变刀补值实现零件的粗加工；（b）改变刀补值对同一公称尺寸的凹凸型面加工

（3）改变刀补值对零件加工精度进行修正。利用刀具半径补偿功能，不但可简化编程，进行零件的粗、精加工，而且可以根据零件加工后的实测值，通过修改刀补值对零件进行加工的修正，以保证加工品质，获得所需的尺寸精度。

（4）改变刀补值（刀补值正负号的改变），还可用同一程序段加工同一公称尺寸的凸、凹型面，如图2-33（b）所示。

2.1.6　刀具长度补偿功能

数控铣床或加工中心所使用的刀具，每把刀具的长度都不相同，同时，由于刀具的磨损或其他原因也会引起刀具长度发生变化，使用刀具长度补偿指令，可实现不同长度的刀具在同一工件坐标下加工出来的深度尺寸都正确。

1. 刀具长度补偿的原理（以立式数控铣床或加工中心为例）

如图2-34所示，数控铣床或加工中心上，用来控制各轴移动坐标的基准点称之为坐标测位点，即机床坐标系中标示各轴坐标位置的动点，位于主轴端面与主轴轴线的交点 E 点。当机床开机后返回参考点时该点与机床坐标系原点重合，数控系统实际控制的是坐标测位点 E 点的位移。如果不进行刀具长度补偿，执行语句"G90 G54 G00 Z0；"，则刀具到达①位置，即 E 点和工件坐标系的 Z0 面重合，这样刀具全部进入工件内部，造成撞刀事故，故必须对刀具长度进行补偿。②位置的执行语句："G90 G54 G00 G43/G44 Z0 H01；"，即长度补偿有效时数控系统控制坐标测位点离开工件一个刀具长度的距离，使刀位点走程序要求的运动轨迹所到达的位置。所以刀具长度补偿的实质就是把刀具相对于工件的坐标由坐标测位点移到刀位点位置。

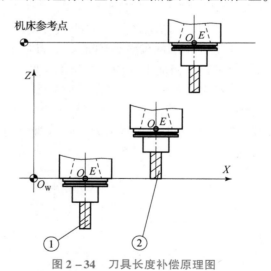

图2-34　刀具长度补偿原理图

2. 刀具长度补偿的指令格式

建立格式：

$$\begin{Bmatrix} G00 \\ G01 \end{Bmatrix} \begin{Bmatrix} G43 \\ G44 \end{Bmatrix} \quad Z\_ \ H\_ \ ;$$

取消格式：（G00/G01）G49（Z_）；或 H00；

说明：

（1）Z_为目标点的坐标。

（2）H_用于指定存放刀具长度补偿值的刀具偏置存储器号。刀具号与刀具偏置存储器号可以相同，也可以不同，一般情况下，为防止出错，最好采用相同的刀具号与刀具偏置存储器号。

（3）G43 表示刀具长度正补偿或离开工件补偿，刀具实际执行的 Z 坐标移动值 $Z' = Z\_ + (H \times \times)$，即程序中的 Z 值加上长度补偿偏置存储器中设定的值；G44 表示刀具长度负补偿或趋向工件补偿，刀具实际执行的 Z 坐标移动值 $Z' = Z\_ - (H \times \times)$，即程序中的 Z 值减去长度补偿偏置存储器中设定的值；使用非零 $H \times \times$ 代码选择正确的刀具长度偏置存储器号。

（4）G49 为取消刀具长度补偿，H00 也可以取消刀具长度补偿。

（5）执行刀具长度补偿指令时，系统首先根据 G43 和 G44 指令将指令要求的 Z 向移动量与刀具偏置存储器中的刀具长度补偿值做相应的"＋"（G43）或"－"（G44）运算，计算出刀具的实际移动量，然后命令刀具做相应的运动。

3. 刀具长度补偿值的确定

刀具长度补偿值的设置与工件坐标系（比如 G54）中 Z 值的设定密切相关，可通过以下三种方法设定：

第一种方法如图 2－35 所示，事先通过机外对刀仪测量出刀具长度（图中 H01），作为刀具长度补偿值（该值应为正），输入对应的刀具长度补偿参数中。此时，工件坐标系（G54）中 Z 值应设定为工件原点相对机床原点 Z 向坐标值（该值为负，如图中的 －200）。例如现在需要刀具到达工件上表面 5 mm 处，图 2－35 中 a 位置为不带刀具长度补偿所到达的位置，即执行程序段"G54 G90 G00 Z5"后的结果，发生了撞刀现象；图 2－35 中 b 位置为带刀具长度补偿所到达的位置，即执行程序段"G54 G90 G43 G00 Z5 H01"后的结果，实现了预期的目的。

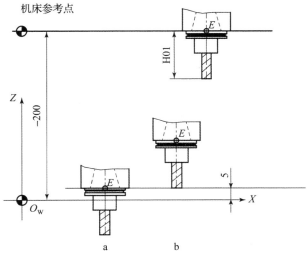

图 2－35　刀具长度补偿设定方法一

第二种方法如图 2-36 所示，将工件坐标系（G54）中 Z 值的偏置值设定为零，即 Z 向的工件原点与机床原点重合，通过机内对刀测量出刀具 Z 轴返回机床原点时刀位点相对工件基准面 Z0 的距离（如图中 H01，为负值），作为每把刀具长度补偿值。

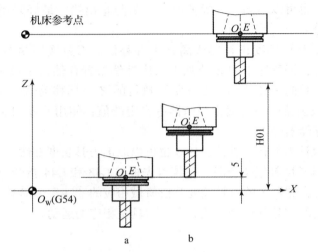

图 2-36　刀具长度补偿设定方法二

第三种方法如图 2-37 所示，将其中一把刀具作为基准刀，其长度补偿值为零，其他刀具的长度补偿值为与基准刀的长度差值（可通过机外对刀测量）。此时应先通过机内对刀法测量出基准刀在 Z 轴返回机床原点时刀位点相对工件基准面 Z0 的距离（如图 2-37 中的 -185），并输入工件坐标系（G54）Z 值的偏置参数中。

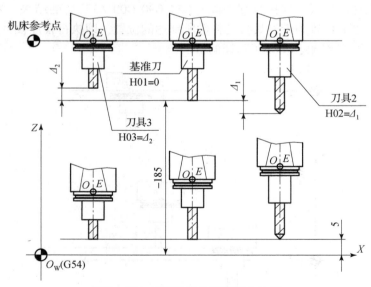

图 2-37　刀具长度补偿设定方法三

刀具长度补偿参数设定的三种方法如表 2-14 所示。

表 2 – 14　刀具长度补偿参数设定方法

方法	零点偏置建立工件坐标系（假设 G54）中 Z 值的确定	刀具长度补偿参数的确定		
		参数	G43	G44
1	工件原点相对于机床原点的 Z 向坐标值（为负）	刀具的长度	正值	负值
2	0	刀具 Z 轴返回参考点后，刀位点相对于工件基准面的距离	负值	正值
3	基准刀具 Z 轴返回参考点后，刀位点相对于工件基准面的距离（为负）	基准刀的补偿值为 0，其他刀的补偿值为与基准刀的差值	比基准刀短为负值	比基准刀短为正值
			比基准刀长为正值	比基准刀长为负值

说明：刀具长度一般是指主轴端面至刀位点的距离。

> 刀具长度补偿值的确定与工件坐标系中的 Z 值密切相关，不同的刀具长度补偿值确定方法在工件坐标系中的 Z 值各不相同，对应的刀具长度补偿值也不同。在实际应用中务必注意，否则可能发生撞刀事故。

4. SINUMERIK 系统长度补偿功能

与 FANUC 系统不同，SINUMERIK 系统没有专门的指令来实现刀具的长度补偿功能，而是由刀具功能指令 T 及切削沿指令 D 来共同确定的。如图 2 – 38 所示，在 1 号刀具的切削沿 D1 中，"长度 1"栏中数值为 20，"半径"栏中的数值为 8。当运行 T1 D1 程序段时，系统调用 1 号刀具并执行 20 mm 的刀具长度正向补偿及 8 mm 的刀具半径补偿；同样，如果执行 T3 D1 程序段，系统则调用 3 号刀具并执行 30 mm 的刀具长度负补偿及 6 mm 的刀具半径补偿。

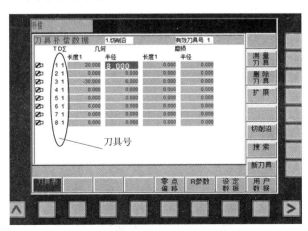

图 2 – 38　SINUMERIK 系统执行长度补偿示例

任务 2.2　支架零件的编程与加工

2.2.1　CAXA 电子图板查询零件轮廓基点坐标值

零件轮廓基点坐标值的计算，根据轮廓形状特点可采用口算、笔算等数学计算方法和 CAD 软件查询的方法（如 CAXA 电子图板、CAXA 制造工程师、UG、AutoCAD 等），尤其是零件轮廓形状较复杂时，口算/笔算有一定难度，采用软件查询的方法更快捷、准确。如图 2–39 所示圆弧形凸台零件，圆弧形凸台轮廓由多段圆弧和多段直线组成，轮廓形状较复杂，所以需采用软件查询的方法获得零件轮廓的基点坐标。下面利用 CAXA 电子图板软件点坐标查询的方法确定该零件轮廓的基点坐标值。

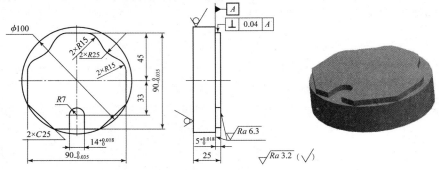

图 2–39　圆弧形凸台零件

该零件为对称件，取工件上表面 $\phi100$ mm 圆的中心点为工件坐标系原点，通过 CAXA 电子图板软件查询零件图形轮廓基点坐标值，操作步骤如下：

（1）下载并安装 CAXA 电子图板软件；

（2）打开 CAXA 电子图板软件；

（3）根据图样给定的定形尺寸、定位尺寸绘制零件图，如图 2–40 所示；

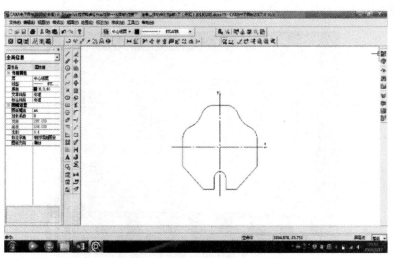

图 2–40　绘制零件图形轮廓

（4）根据编程原点设定用户坐标系，如图 2 - 41 所示；

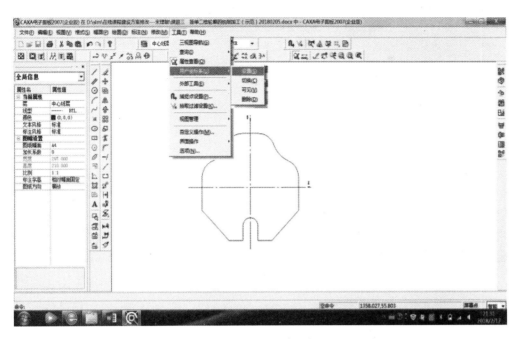

图 2 - 41　设定用户坐标系

（5）在屏幕右下角，选择"智能"捕捉屏幕点，依次查询基点坐标，如图 2 - 42 所示；

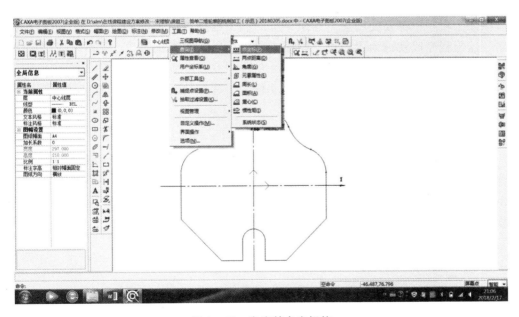

图 2 - 42　查询基点坐标值

（6）记录基点坐标值，如图 2 - 43 所示。

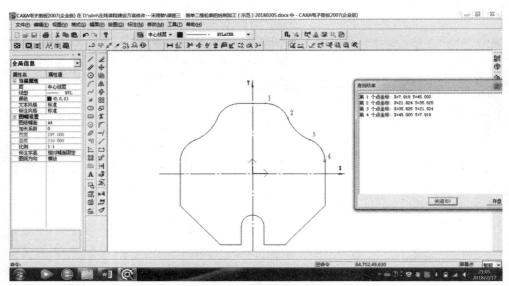

图 2-43　记录基点坐标值

2.2.2　子程序

数控机床的加工程序可以分为主程序和子程序两种。

所谓主程序是一个完整的零件加工程序，或是零件加工程序的主体部分，它和被加工零件或加工要求一一对应，不同的零件或不同的加工要求都只有唯一的主程序。在编制加工程序时，有时会遇到一组程序段在一个程序中多次出现，或者在几个程序中都要使用它。这组典型的加工程序可以做成固定程序，并单独加以命名，这组程序段就称为子程序。使用子程序可以大大精简程序，减少不必要的重复编程，而且可读性强，也易于检查。子程序通常不可以作为独立的加工程序使用，它只能通过主程序调用实现加工中的局部动作。子程序执行结束后，能自动返回到调用它的主程序中。

1. 子程序的格式

在大多数数控系统中，子程序和主程序并无本质区别。子程序和主程序在程序号及程序内容方面基本相同，但结束标记不同。FANUC 系统中，主程序用 M02 或 M30 来表示主程序结束，而子程序则用 M99 来表示子程序结束，并实现自动返回主程序功能。子程序格式示例如下所示：

O0101；

N10 G91 G01 Z-3；

…

N60 G90 G00 Z5；

N70 M99；

子程序结束指令 M99 不一定要单独书写一行，如上例中 N60 与 N70 程序段写成"G90 G00 Z5 M99；"也是可以的。

2. 子程序的调用

在 FANUC 系统中，子程序的调用可通过辅助功能代码 M98 指令实现。常用的子程序调用格式有两种。

格式一：M98 P×××× L××××；

其中地址 P 后的 4 位数字为子程序名，地址 L 后的 4 位数字表示重复调用的次数，表示调用次数前面的 0 可省略不写。如果只调用子程序一次，则地址 L 及其后的数字可省略。如"M98 P0200 L3；"表示调用子程序"O0200"共 3 次，而"M98 P0200；"表示调用子程序"O0200"1 次。

格式二：M98 P××××××××；

其中地址 P 后面 8 位数字中，前 4 位表示调用次数，后 4 位表示子程序名。采用这种调用格式时，调用次数前面的 0 可省略不写，但子程序名中前面的 0 不可省略。当调用次数为 1 时，前 4 位数字可省略。例如"M98 P30020；"表示调用子程序"O0020"3 次，而"M98 P0020；"表示调用子程序"O0020"1 次。

一个调用指令可以重复地调用一个子程序，同时一个子程序可以被多个主程序调用，提高编程效率。子程序调用示例如图 2 - 44 所示。

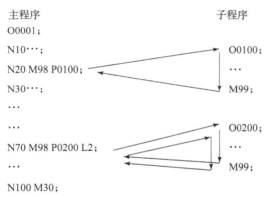

图 2 - 44 子程序调用示例

3. 子程序的嵌套

为了进一步简化程序，可以让子程序调用另一个子程序，这一功能称为子程序的嵌套。当主程序调用子程序时，该子程序被认为是一级子程序。系统不同，其子程序的嵌套级数也不相同，FANUC 系统可实现子程序 4 级嵌套，如图 2 - 45 所示。

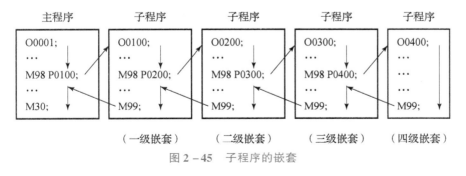

图 2 - 45 子程序的嵌套

4. SINUMERIK 系统子程序调用指令

（1）子程序调用格式：△△△△△△△△ P××××。

"△△△△△△△△"表示要调用的子程序名，其命名方式与一般程序的命名规则相同，P 后面的数字表示调用次数。如 L0100 P2，表示调用 L0100 子程序 2 次。

（2）在子程序中，用辅助功能代码 M17 表示子程序结束并返回主程序，也可以用程序结尾符 RET 替换 M17，但 RET 必须单段编程。

5. 使用子程序时的注意事项

（1）子程序编程必须建立新的文件名，同时建立的文件名与主程序调用的文件名必须保持一致。

（2）注意主程序和子程序之间 G90/G91 编程方式的变化。

（3）半径补偿模式中的程序不能被分支。

（4）加工前一定要检查光标是否在主程序开头，否则易造成事故隐患。

6. 子程序的应用

（1）具有多个相同轮廓形状零件的加工。在一次装夹中，如果有多个相同轮廓形状需要加工，可在编程时只编写一个轮廓形状的加工程序，然后用主程序调用子程序来实现零件的加工。如图 2 - 46 所示，具有两个相同外形轮廓零件的加工就可以利用子程序完成。

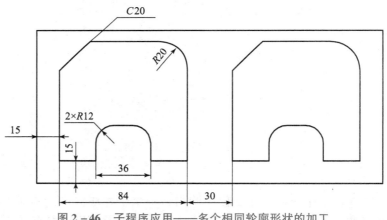

图 2 - 46　子程序应用——多个相同轮廓形状的加工

（2）实现零件的分层加工。有时零件在某个方向上的总切削深度比较大，需要进行分层切削，这时就可把每一层的加工轮廓编写成子程序，然后通过调用该子程序来实现零件的分层加工。

（3）实现零件加工程序的优化。一个多工序零件，比如加工中心上加工的零件，往往包含许多独立的工序，为了优化加工程序，可把每一个独立的工序编成一个子程序，主程序只有换刀和调用子程序的命令，从而实现优化程序的目的。

项目三 槽轮机构的编程与加工

任务 3.1 槽轮零件的编程与加工

3.1.1 极坐标指令——G15/G16

1. 功能

通常情况下使用直角坐标系编程，但对于一些圆周分布的孔类零件以及图纸尺寸用半径和角度标注的零件（如正多边形），如果用极坐标编程可以省去大量基点计算工作，起到简化编程的目的。

2. 编程格式

在 G17 有效时，指令格式：

G17 G90（G91）G16；	启动极坐标方式
G01（G02、G03）X_ Y_（R_）F_；	极坐标指令
G15；	取消极坐标

说明及注意事项：

（1）G16 启动极坐标；G15 取消极坐标；极坐标指令的平面选择为 G17、G18、G19。

（2）在指定的坐标平面内，第一轴表示极坐标半径，第二轴表示极坐标角度。如 G17 平面，X_表示终点极坐标半径，Y_表示极坐标角度。规定所选平面第一轴（正方向）的逆时针方向为角度的正方向，顺时针方向为角度的负方向。G90 指定工件坐标系的零点作为极坐标系的原点，当使用局部坐标系时，局部坐标系的原点变成极坐标系的原点。在 G90 状态下，X_为终点到坐标原点的距离，Y_为终点到坐标原点的连线与 +X 方向之间的夹角。G91 指定当前位置作为极坐标系的原点。在 G91 状态下，X_为终点到起点位置的距离，Y_为当前起、终点连线与前一起、终点连线间的夹角。如刀具走直线从 A 到 B，如图 3-1 所示，其极坐标编程表示如表 3-1 所示。

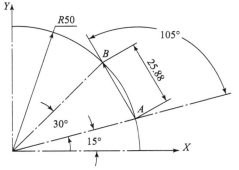

图 3-1 极坐标编程

表 3 – 1　相对坐标与绝对坐标时极坐标编程表示

半径和角度均绝对值指令时	半径和角度均相对值指令时
G17 G90 G16;	G17 G91 G16;
G01 X50 Y45 F80;	G01 X25. 88 Y105 F80;
G15;	G15;

3. 指令应用

例如，利用极坐标指令在数控铣床上铣削如图 3 – 2 所示的圆弧形凸台零件，材料为铝合金。毛坯尺寸为 ϕ100 mm $\times$ 25 mm。其零件轮廓加工的参考程序如表 3 – 2 所示。

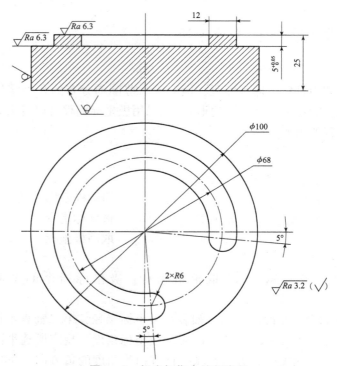

图 3 – 2　极坐标指令编程应用

表 3 – 2　极坐标指令编程应用 NC 程序

段号	FANUC 系统程序	SINUMERIK 系统程序	程序说明
	O6060;	B6060. MPF	主程序名
N10	G54 G90 G94 G17 G40 G21 G49;	G54 G90 G94 G17 G40 G71	程序初始化
N20	M03 S800;	M03 S800	主轴正转，速度为 800 r/min
N30	G00 X60 Y – 10;	G00 X60 Y – 10	刀具 X、Y 定位在（60，– 10）点
N40	G00 Z5;	G00 Z5	Z 向靠近工件

段号	FANUC 系统程序	SINUMERIK 系统程序	程序说明
N50	G01 Z−5 F50；	G01 Z−5 F50	Z 向下刀至 −5 mm
N60	G16；	G111 X0 Y0	定义极坐标
N70	G01 G41 X40 Y−5 D01 F100；	G01 G41 RP＝40 AP＝−5 F100	建立刀具半径补偿
N80	G02 X28 Y−5 R6；	G02 RP＝28 AP＝−5 CR＝6	顺时针圆弧插补
N90	G03 X28 Y275 R−28；	G03 RP＝28 AP＝275 CR＝−28	逆时针圆弧插补
N100	G02 X40 Y275 R6；	G02 RP＝40 AP＝275 CR＝6	顺时针圆弧插补
N110	G02 X40 Y−5 R−40；	G02 RP＝40 AP＝−5 CR＝−40	顺时针圆弧插补
N120	G01 G15 G40 X60 Y−10；	G01 G40 X60 Y−10	取消刀具半径，取消极坐标
N130	G00 Z100；	G00 Z100	Z 向抬刀
N140	M05；	M05	主轴停转
N150	M30；	M30	程序结束

3.1.2　孔加工的基础知识

孔加工泛指孔的各种加工方法，如钻孔（中心孔、通孔、盲孔、沉头孔）、扩孔、铣孔、锪孔、铰孔、镗孔、攻丝、铣螺纹，如图 3−3 所示。

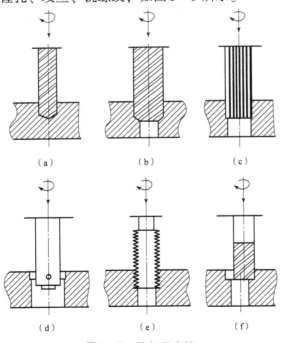

（a）　　　　（b）　　　　（c）

（d）　　　　（e）　　　　（f）

图 3−3　孔加工方法

（a）钻孔；（b）扩孔；（c）铰孔；（d）镗孔；（e）攻丝；（f）铣孔

在数控加工中，孔加工动作已经典型化，这样一系列的加工动作已经预先编好程序存储在内存中，可用一个固定循环 G 代码指令程序段来调用，该 G 代码固定循环指令可以简化编程。

1. 常用的孔加工刀具

常用的孔加工刀具有中心钻、麻花钻、扩孔钻、锪孔钻、螺纹刀、铰刀、镗刀等，现在的加工技术中，根据实际的需要，有时候也可以用铣刀来铣孔。

1）中心钻

中心钻用于加工中心孔，中心孔一般起定位和导向麻花钻的作用。中心钻有 A、B、C 3 种型号，最常用的是 A 型和 B 型，如图 3-4 所示。A 型中心钻不带护锥，B 型中心钻带护锥。当加工直径 $d = 1 \sim 10$ mm 的中心孔时，通常采用 A 型中心钻；当加工工序较长、精度要求较高的工件时，为了避免 60°定心锥损坏，一般采用 B 型中心钻。

（a） （b）

图 3-4 中心钻

（a）A 型中心钻；（b）B 型中心钻

2）麻花钻

麻花钻有两条对称的螺旋槽用来形成切削刃，且作输送切削液和排屑之用。麻花钻的结构如图 3-5 所示，有两条对称的主切削刃，两刃之间的夹角称为锋角，其值为 118°，两个顶面的交线叫作横刃，钻削时，作用在横刃上的轴向力很大，故大直径钻头常采用修磨的方法缩短横刃，以降低轴向力，导向部分上的两条刃带在切削时起导向作用，同时又能减少钻头与工件孔壁的摩擦。

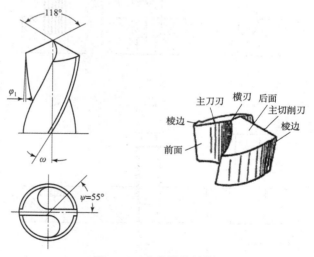

图 3-5 麻花钻的结构

普通麻花钻是钻孔最常用的刀具，通常用高速钢制造，有直柄和锥柄之分，如图 3 - 6 所示。钻头直径在 13 mm 以下的一般为直柄，当钻头直径超过13 mm 时，则通常做成锥柄。普通麻花钻的加工精度一般为 IT10 ~ IT11 级，所加工孔的表面粗糙度 Ra 为 12.5 ~ 50 μm，钻孔直径为 0.1 ~ 100 mm。钻孔深度变化范围也很大，广泛应用于孔的粗加工，也可作为不重要孔的最终加工。

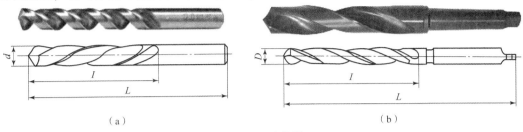

(a)   (b)

图 3 - 6 麻花钻
(a) 直柄麻花钻；(b) 莫氏锥柄麻花钻

3) 扩孔钻

与麻花钻相比，扩孔钻有 3 ~ 4 个主切削刃，没有横刃，其结构如图 3 - 7 所示。扩孔钻的加工精度比麻花钻要高一些，一般可达到 IT9 ~ IT10 级，所加工孔的表面粗糙度 Ra 为 3.2 ~ 6.3 μm，而且其刚性及导向性也好于麻花钻，因而常用于已铸出、锻出或钻出孔的扩大，可作为精度要求不高孔的最终加工或铰孔、磨孔前的预加工。扩孔钻的直径范围为 10 ~ 100 mm，扩孔时的加工余量一般为 0.4 ~ 0.5 mm。实际生产中一般用麻花钻代替扩孔钻使用。扩孔时进给量为钻孔的 1.5 ~ 2 倍，切削速度为钻孔的1/2。

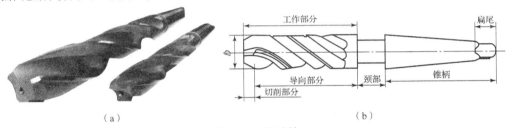

(a)   (b)

图 3 - 7 扩孔钻
(a) 实物图；(b) 结构图

4) 锪孔钻

锪孔钻有较多刀齿，以成形法将孔端加工成所需的形状。锪孔钻主要用于加工各种沉头孔（平底沉孔、锥孔、球面孔或削平孔）的外端面。锪孔钻有圆柱形用于锪圆柱形埋头孔，有锥形锪孔钻用于锪锥形埋头孔，锪孔钻有 60°、75°、90°、120° 等角度，如图 3 - 8 所示。锪孔时，进给量为钻孔的 2 ~ 3 倍，切削速度为钻孔的 1/3 ~ 1/2。

5) 铰刀

铰刀是对已经钻好的孔进行半精加工或精加工的多刃刀具。铰刀工作部分包括切削部分与校准部分，如图 3 - 9 所示。切削部分为锥形，主要担负切削工作。校准部分包括圆柱部分和倒锥部分，圆柱部分保证铰刀直径和便于测量，倒锥部分可减少铰刀与孔壁的摩擦，减小孔径扩大量。校准部分的作用是校正孔径、修光孔壁和导向。

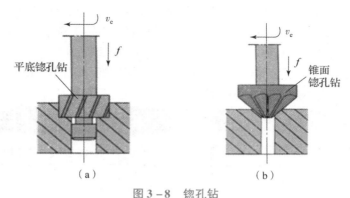

图 3 - 8　锪孔钻
（a）圆柱形锪孔钻；（b）锥形锪孔钻

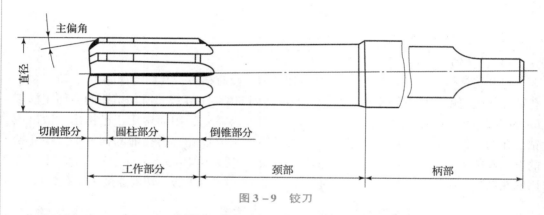

图 3 - 9　铰刀

使用通用标准铰刀铰孔时，加工精度等级可达 IT8 ~ IT9，表面粗糙度 Ra 为 0.8 ~ 1.6 μm。在生产中，为了保证加工精度，铰孔时的铰削余量预留要适中。注意：由刀具厂购入的铰刀需按工件孔的配合和精度等级进行研磨和试切后方可投入使用。

通用标准铰刀如图 3 - 10 所示，有直柄、锥柄和套式三种，铰刀有 4 ~ 12 齿。直柄铰刀的直径为 6 ~ 20 mm，小孔直柄铰刀的直径为 1 ~ 6 mm；锥柄铰刀的直径为 10 ~ 32 mm；套式铰刀的直径为 25 ~ 80 mm。铰刀可分为 A、B 两种类型，A 型为直槽铰刀，B 型为螺旋槽铰刀。螺旋槽铰刀切削过程稳定，适于加工断续表面。

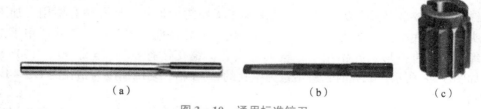

图 3 - 10　通用标准铰刀
（a）直柄铰刀；（b）锥柄铰刀；（c）套式铰刀

6）镗刀

镗孔是利用镗刀对工件上已有的孔进行扩大加工，镗孔加工属于一种较难的孔加工。它一般是悬臂加工，只靠调节一枚刀片（或刀片座）就能加工出像 H7、H6 这样的孔。随着加工中心的普及，现在的镗孔加工只需要进行编程、按钮操作等。正因为这样，就需要有更简单、更方便、更精密的刀具来保证产品的质量。精镗宜采用微调镗刀，对阶梯孔的镗削加工采用组合镗刀，以提高镗削效率。

镗孔加工除选择刀片和刀具外，还要考虑镗杆的刚度，尽可能选择较粗（接近镗孔直径）的刀杆及较短的刀杆臂，以防止或消除振动。当刀杆臂小于 4 倍刀杆直径时，可采用钢制刀杆，加工要求较高的孔时最好选用硬质合金制刀杆。当刀杆臂为 4 ~ 7 倍刀杆直径时，小孔用硬质合金制刀杆，大孔用减振刀杆。当刀杆臂为 7 ~ 10 倍刀杆直径时，需采用减振刀杆。加工中心用的镗刀如图 3 – 11 所示，就其切削部分而言，与外圆车刀没有本质的区别。但在加工中心上进行镗孔通常是采用悬臂式加工，因此要求镗刀有足够的刚性和较好的精度。为适应不同的切削条件，镗刀有多种类型，按镗刀的切削刃数量可分为单刃镗刀和双刃镗刀。

图 3 – 11　加工中心用的镗刀

（1）单刃镗刀。大多数单刃镗刀制成可调结构。图 3 – 12 所示为用于镗削通孔、阶梯孔和盲孔的单刃镗刀，螺钉 1 用于调整尺寸，螺钉 2 起锁紧作用。单刃镗刀刚性差，切削时易引起振动，所以镗刀的主偏角选得较大，以减少径向力。上述结构通过镗刀移动来保证加工尺寸，调整麻烦，效率低，只能用于单件小批量生产。但单刃镗刀结构简单，适应性较广，因而应用广泛。

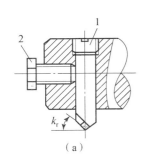
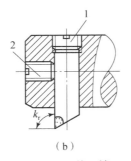
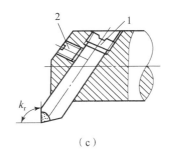

（a）	（b）	（c）

图 3 – 12　单刃镗刀

（a）通孔镗刀结构图；（b）阶梯孔镗刀结构图；（c）盲孔镗刀结构图

1—调节螺钉；2—紧固螺钉

（d）

图 3-12　单刃镗刀（续）

（d）镗刀实物图

（2）双刃镗刀。简单的双刃镗刀就是镗刀的两端有一对对称的切削刃同时参与切削，其优点是可以消除径向力对镗杆的影响，可以用较大的切削用量，对刀杆刚度要求低，不易振动，所以切削效率高。图 3-13 所示为近年来广泛使用的双刃机夹镗刀，其刀片更换方便，不需重磨，易于调整，对称切削镗孔的精度较高。同时，与单刃镗刀相比，每转进给量可提高一倍左右，生产率高。大直径的镗孔加工可选用可调双刃镗刀，其镗刀头部可做大范围的更换调整，最大镗孔直径可达 1 000 mm。

刀片

图 3-13　双刃机夹镗刀

（3）微调镗刀。加工中心常用图 3-14 所示的微调镗刀。这种镗刀的径向尺寸可以在一定范围内调整，其读数值可达 0.01 mm。调整尺寸时，先松开拉紧螺钉，然后转动带刻度盘的调整螺母，待刀头调至所需尺寸，再拧紧螺钉。这种镗刀的结构比较简单、精度较高、通用性强、刚性好。

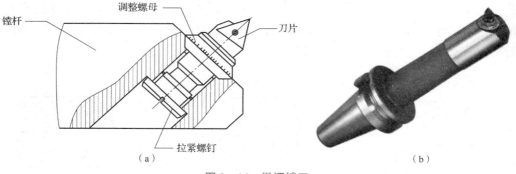

镗杆　　调整螺母　　刀片

拉紧螺钉

（a）　　　　　　　　　　　　　　　　（b）

图 3-14　微调镗刀

（a）结构；（b）实物

7）螺纹刀

数控铣床/加工中心上加工螺纹的刀具有丝锥和螺纹铣刀。

（1）丝锥。丝锥是具有特殊槽，带有一定螺距的螺纹圆形刀具。加工中常用的丝锥有直槽和螺旋槽两大类，如图 3-15 所示。常用的丝锥材料有高速钢和硬质合金，现在工具厂提供的丝锥大都是涂层丝锥，较未涂层丝锥在使用寿命和切削性能方面都有很大的提高。

图 3 – 15　丝锥

（a）直槽丝锥；（b）螺旋槽丝锥

（2）螺纹铣刀。螺纹铣刀有整体式螺纹铣刀、机夹式螺纹铣刀以及螺纹钻铣刀几种。

①整体式螺纹铣刀。从外形看，整体式螺纹铣刀像是圆柱立铣刀与螺纹丝锥的结合体，如图 3 – 16 所示，但它的螺纹切削刃与丝锥不同，刀具上无螺旋升程，加工中的螺旋升程靠机床运动实现。这种特殊结构使该刀具既可加工右旋螺纹，也可加工左旋螺纹，但不适于加工较大螺距的螺纹。

②机夹式螺纹铣刀。机夹式螺纹铣刀如图 3 – 17 所示，适用于加工较大直径（如 $D > 26$ mm）的螺纹，这种刀具的特点是刀片易于制造，价格较低。有的螺纹刀片可双面切削，但抗冲击性能较整体式螺纹铣刀稍差。因此，这类刀具常推荐用于加工铝合金材料。

图 3 – 16　整体式螺纹铣刀

图 3 – 17　机夹式螺纹铣刀

③螺纹钻铣刀。螺纹钻铣刀由头部的钻削部分、中间的螺纹铣削部分及切削刃根部的倒角刃三部分组成，如图 3 – 18 所示。钻削部分的直径就是刀具所能加工螺纹的底径，这类刀具通常用整体硬质合金制成，是一种中小直径内螺纹高效加工刀具，螺纹钻铣刀可以一次完成钻螺纹底孔、孔口倒角和内螺纹加工，减少了刀具使用数量。

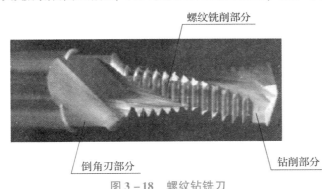

螺纹铣削部分

倒角刃部分　　钻削部分

图 3 – 18　螺纹钻铣刀

2. 常见的孔加工方案及其精度等级

加工孔时通常根据孔的结构和技术要求，选择不同的加工方法及加工方案，表 3 – 3 所示为常见的孔加工方案及其精度等级。

表 3 – 3　常见的孔加工方案及其精度等级

序号	加工方案	精度等级	表面粗糙度 $Ra/\mu m$	适用范围
1	钻	11 ~ 13	50 ~ 12.5	加工未淬火钢及铸铁的实心毛坯，也可用于加工有色金属（但粗糙度较差）
2	钻→铰	9	3.2 ~ 1.6	
3	钻→粗铰→精铰	7 ~ 8	1.6 ~ 0.8	
4	钻→扩	11	6.3 ~ 3.2	
5	钻→扩→铰	8 ~ 9	1.6 ~ 0.8	
6	钻→扩→粗铰→精铰	7	0.8 ~ 0.47	
7	粗镗（扩孔）	11 ~ 13	6.3 ~ 3.2	除淬火钢外的各种材料，毛坯有铸出孔或锻出孔
8	粗镗（扩孔）→半精镗（精扩）	8 ~ 9	3.2 ~ 1.6	
9	粗镗（扩孔）→半精镗（精扩）→精镗	6 ~ 7	1.6 ~ 0.8	

3. 孔加工走刀路线

在实际生产中遇到的孔的位置各种各样，为了在保证加工精度的同时提高生产效率，特别是在大批量生产中，刀具路径的合理安排与生产效率有着直接的影响。

1）垂直方向刀路

孔加工垂直方向刀路与孔的深度有直接关系，当孔的深度不大时（深径比 $L/D \leqslant 3$），可采用连续钻削完成孔的加工，如图 3 – 19（a）所示；当孔的深度较大时（深径比 $L/D > 3$），为了改善散热及排屑状况，可采用间歇钻削方式完成孔的加工，如图 3 – 19（b）所示。

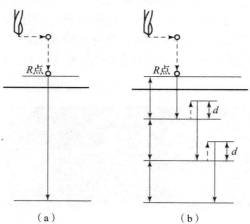

图 3 – 19　孔加工垂直方向路径

（a）连续钻削刀路；（b）间歇钻削刀路

注意刀具轴向引入的距离，即 R 点平面到孔口平面的距离。在已加工表面钻、镗、铰孔时，引入距离为 1 ~ 3 mm；在毛坯面上钻、镗、铰孔时，引入距离为 5 ~ 8 mm；攻螺纹、铣削时，引入距离为 5 ~ 10 mm。

2）水平方向刀路

当加工平面内有多个孔需要加工时，水平方向刀路的设计需遵循以下原则：

（1）最短路径原则。对于位置精度要求不高的孔系加工，定位精度由机床的精度保证，在这种情况下，对刀具路径没有较高的要求，可以按最短刀具路线的原则来安排走刀路径，如图3-20所示。在加工这类孔系零件时，按照1-2-3-6-5-4的顺序加工，加工路径最短，这样可以缩短刀具轨迹路径，从而提高了加工效率，尤其是在大批量生产时大大缩短了零件的工期。

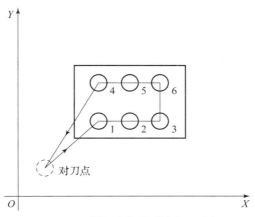

图3-20　最短路径原则孔加工路径

（2）最优路径原则。对于位置精度要求较高的孔系加工，就需要注意孔加工的走刀路径，这时就不能按照最短刀具路径原则来设计加工路径，在能保证孔的位置精度的前提下选择最短路径，如果将机床坐标轴的反向间隙带入，就会影响孔的位置精度。因此对于位置精度要求较高的孔系，路径安排时在每个坐标轴上要向一个方向移动，不能反向。如图3-21所示，在加工这样的孔系零件时，应按照1-2-3-4-5-6的顺序加工，这种刀路安排既可以保证被加工孔系的位置精度，也能提高生产效率。而如图3-22所示孔加工路径，按照1-4-2-5-3-6的顺序加工，虽然在进给轴上是朝同一个方向进给，保证了孔位置精度，但走刀路径较长，加工效率不高。

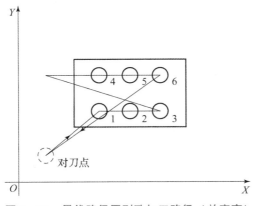

图3-21　最优路径原则孔加工路径（效率高）

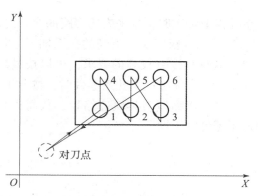

图 3-22　最优路径原则孔加工路径（效率低）

4. 孔加工的特点

由于孔加工是对零件内表面进行加工，加工过程不便观察、控制困难，因而其加工难度要比外轮廓等开放表面的加工大得多。孔加工主要有以下几方面的特点：

（1）孔加工刀具多为定尺寸刀具，如钻头、铰刀等，在加工过程中，刀具磨损造成的形状和尺寸的变化会直接影响被加工孔的精度。

（2）由于受被加工孔直径大小的限制，切削速度很难提高，从而影响了加工效率和加工表面质量，尤其是在对小尺寸孔进行精密加工时，为达到所需的速度，必须使用专门的装置，因此对机床的性能也提出了很高的要求。

（3）刀具的结构受孔直径和长度的限制，加工时，由于轴向力的影响，刀具容易产生弯曲变形和振动，从而影响孔的加工精度。孔的长径比（孔深度与直径之比）越大，其加工难度越高。

（4）孔加工时，刀具一般在半封闭的空间工作，由于切屑排除困难，冷却液难以进入加工区域，导致切削区域热量集中、温度较高、散热条件不好，从而影响刀具的耐用度和钻削加工质量。

所以冷却问题、排屑问题、刚性导向问题和速度问题是确保孔加工质量的关键问题。

5. 孔加工固定循环指令

数控加工中，某些加工动作循环已经典型化。例如，钻孔、镗孔的动作是孔位平面定位、快速引进、工作进给、快速退回等，这样一系列典型的加工动作已经预先编好程序，存储在内存中，可用孔加工固定循环的一个 G 代码程序段调用，从而简化编程工作。孔加工固定循环指令，是针对各种孔型的专用指令，该类指令为模态指令，使用它编写孔加工程序时，只须给出第一个孔加工的所有参数，后续孔加工的程序如与第一个孔有相同的参数，则可省略，这样可极大地提高编程效率，而且使程序变得简单易读。孔加工固定循环指令如表 3-4 所示。

1）孔加工固定循环的基本动作

如图 3-23 所示，孔加工固定循环一般由下述六个动作组成（图中虚线表示快速进给，实线表示切削进给）。

表 3-4 孔加工固定循环指令

指令	钻削 （-Z 向之进刀）	孔底位置的动作	回退 （+Z 向之退回动作）	用途
G73	间歇进给		快速移动	高速深孔啄钻循环
G74	切削进给	主轴停止→主轴正转	切削进给	攻左螺纹循环
G76	切削进给	主轴定向停止	快速移动	精镗孔循环
G80				固定循环取消
G81	切削进给		快速移动	钻孔循环
G82	切削进给	暂停	快速移动	沉孔钻孔循环
G83	间歇进给		快速移动	深孔啄钻循环
G84	切削进给	主轴停止→主轴反转	切削进给	攻右螺纹循环
G85	切削进给		切削进给	铰孔循环
G86	切削进给	主轴停止	快速移动	镗孔循环
G87	切削进给	主轴停止	快速移动	背镗孔循环
G88	切削进给	暂停→主轴停止	手动操作	镗孔循环
G89	切削进给	暂停	切削进给	镗孔循环

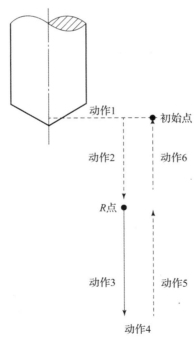

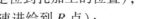

图 3-23 固定循环的基本动作

动作 1—X 轴和 Y 轴定位（使刀具快速定位到孔加工的位置）；

动作 2—快进到 R 点（刀具自起始点快速进给到 R 点）；

动作 3—孔加工（切削进给至孔底 Z 点）；

动作4—孔底动作（进给暂停、反转、定向停止、让刀等）；

动作5—返回到 R 点（由 G99 选择）；

动作6—快速返回到初始点（由 G98 选择）。

说明：

（1）固定循环指令中地址 R 与地址 Z 的数据指定与 G90 或 G91 的方式选择有关。选择 G90 方式时，R 与 Z 一律取其绝对坐标值；选择 G91 方式时，则 R 是指自初始点到 R 点间的距离，Z 是指 R 点到孔底 Z 点的距离，带有正负号。

（2）起始点是为安全下刀而规定的点。该点到零件表面的距离可以任意设定在一个安全的高度上。当使用同一把刀具加工若干孔时，只有孔间存在障碍需要跳跃或全部孔加工完毕时，才使用 G98 功能使刀具返回到起始点。

（3）R 点又叫参考点，是刀具下刀时自快进转为工进的转换点。距工件表面的距离主要考虑工件表面尺寸的变化，如工件表面为平面时，一般可取 2~5 mm。使用 G99 时，刀具将返回到 R 点。

（4）加工盲孔时，孔底平面就是孔底的 Z 轴高度；加工通孔时，一般刀具还要伸出工件底平面一段距离，这主要是保证全部孔深都加工到规定尺寸。钻削加工时，还应考虑钻尖对孔深的影响。

（5）孔加工循环与平面选择指令（G17、G18 或 G19）无关，即不管选择了哪个平面，孔加工都是在 XY 平面上定位并在 Z 向上加工孔。

2）孔加工固定循环指令的书写格式

孔加工固定循环指令的一般格式为：

$$\begin{Bmatrix} G90 \\ G91 \end{Bmatrix} \begin{Bmatrix} G98 \\ G99 \end{Bmatrix} \quad G\_ \quad X\_ \quad Y\_ \quad Z\_ \quad R\_ \quad Q\_ \quad P\_ \quad F\_ \quad L\_;$$

说明：

（1）G_是孔加工固定循环指令，即 G73~G89 中某一个。

（2）X_、Y_指定孔在 XY 平面的坐标位置（增量或绝对值）。

（3）Z_指定孔底坐标值。用增量方式时，是 R 点到孔底的距离；用绝对值方式时，是孔底的绝对坐标值。

（4）R_在增量方式中是指起始点到 R 点的距离；而在绝对值方式中是指 R 点的绝对坐标值。

（5）Q_在 G73、G83 中是用来指定每次进给的深度；在 G76、G87 中指定刀具位移量。

（6）P_用来指定暂停的时间，单位为 ms。

（7）F_为切削进给的进给量。

（8）L_用来指定固定循环的重复次数，只循环一次时 L 可不指定。

（9）G73~G89 是模态指令。一旦指定，一直有效，直到出现其他孔加工固定循环指令，或固定循环取消指令（G80），或 G00、G01、G02、G03 等插补指令时才失效。因此，多孔加工时该指令只需指定一次，以后的程序段只需给出孔的位置即可。

（10）固定循环中的参数（X、Y、Z、R、Q、P、F）是模态的，当变更固定循环方式时，被使用的参数可以继续使用，不需重设。

（11）在使用固定循环编程时，一定要在前面程序段中指定 M03（或 M04），使主轴启动。

（12）若在固定循环指令程序段中同时指定一后指令 M 代码（如 M05、M09），则该 M 代码并不是在循环指令执行完成后才被执行，而是执行完循环指令的第一个动作（X、Y 轴向定位）后，即被执行。因此，固定循环指令不能和后指令 M 代码同时出现在同一程序段。

（13）当用 G80 指令取消孔加工固定循环后，那些在固定循环之前的插补模态（如 G00、G01、G02、G03）恢复，M05 指令也自动生效（G80 指令可使主轴停转）。

（14）在固定循环中，刀具半径补偿指令（G41、G42）无效，刀具长度补偿指令（G43、G44）有效。

3）孔加工固定循环指令

具体指令介绍如下：

（1）G73/G83 深孔钻加工循环。这两个指令均用于加工深孔，G73 为高速深孔钻固定循环指令（断屑不排屑），可实现 Z 轴的间歇进给，其指令动作如图 3 – 24（a）所示，分多次工作进给，每次进给的深度由 Q 指定，且每次工作进给后都快速退回一段距离 k，k 值由参数设定。G83 为深孔啄钻循环指令（断屑并排屑），其指令动作如图 3 – 24（b）所示，与 G73 指令相比，该指令也是以间歇进给方式钻孔加工，每次进给 q 深度后，刀具都要快速退回至 R 平面，因而具有断屑、排屑之特点。

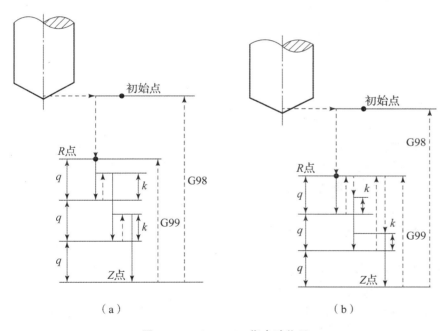

（a）　　　　　　　　　　　（b）

图 3 – 24　G73/G83 指令动作示

（a）G73 指令动作示意图；（b）G83 指令动作示意图

指令格式：G98 /G99 G73/G83 X_　Y_　Z_　R_　Q_　F_　L_；

说明：G73/G83 孔加工固定循环指令各参数的意义如表 3 – 5 所示。

表 3-5　G73/G83 孔加工固定循环指令各参数的意义

序号	参数	意义
1	G98、G99	到达孔底后快速回退平面的选择。G98 表示返回初始平面；G99 表示返回 R 参考平面
2	G73、G83	表示深孔钻加工循环指令。G73 为高速深孔钻固定循环指令；G83 为深孔啄钻循环指令
3	X_、Y_	孔位数据。绝对编程时，是孔中心在 XY 平面内的坐标位置；增量编程时，是孔中心在 XY 平面内相对于起点的增量值
4	Z_	指定孔底坐标值。用增量方式时，是 R 点到孔底的距离；用绝对值方式时，是孔底的绝对坐标值
5	R_	在增量方式中是指起始点到 R 点的距离；而在绝对值方式中是指 R 点的绝对坐标值
6	Q_	每次切削进给的切削深度，正值（mm）
7	F_	钻孔切削进给速度（mm/min）
8	L_	循环次数（一般用于多孔加工，故 X 或 Y 应为增量值，需要的时候再使用）

以下孔加工固定循环指令中各参数意义如无特殊说明均同此表所示。

（2）G81 钻孔循环。该指令以连续钻削方式执行孔加工，孔底不暂停，主要适用于一般孔加工或浅孔加工，指令动作如图 3-25 所示。

格式：G98/G99 G81 X_　Y_　Z_　R_　F_　L_；

（3）G82 带停顿的钻孔循环。G82 与 G81 动作轨迹一样，仅在孔底增加了"暂停"时间，因而可以得到准确的孔深尺寸，表面更光滑，适用于加工盲孔、锪孔或镗阶梯孔。

格式：G98/G99 G82 X_　Y_　Z_　R_　P_　F_　L_；

（4）G85 铰孔循环。执行 G85 循环时，刀具以切削进给方式加工到孔底，然后仍以切削进给方式返回到指定平面，其指令动作如图 3-26 所示，这样可以高精度地完成孔加工而不损伤已加工表面。该指令除可用于较精密的镗孔外，还可用于铰孔、扩孔的加工。

格式：G98/G99 G85　X_　Y_　Z_　R_　F_　L_；

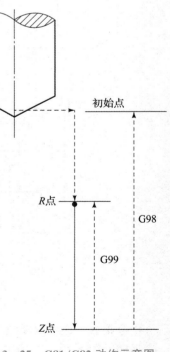

图 3-25　G81/G82 动作示意图

G85(G98)　　　　　　　　　　　　　　　G85(G99)

初始平面

R点　　　　　　　　　　　　　　　　　R点平面

R点

Z点　　　　　　　　　　　　　　　　　Z点

（a）　　　　　　　　　　　　　　　　（b）

图 3 – 26　G85 动作示意图

（a）刀具返回初始平面；（b）刀具返回 R 点平面

（5）G80 取消孔加工固定循环。该指令为取消孔加工固定循环指令，要求独占一行。当数控系统执行 G80 指令后，除 F 参数之外的所有孔加工参数都被取消。

当孔加工固定循环指令不再使用时，应用 G80 指令取消固定循环，而恢复到一般指令状态（如 G00、G01、G02、G03 等）。

格式：G80；

（6）G76 精镗循环。

该指令孔加工动作如图 3 – 27 所示，图中 P 表示在孔底有暂停，OSS 表示主轴准停，Q 表示刀具在孔底的偏移量。执行 G76 指令时，镗刀先快速定位至 X、Y 坐标点，再快速定位到 R 点，接着以 F 指定的进给速度镗孔至 Z 指定的深度后，主轴定向停止，使刀尖指向一固定的方向后，镗刀中心偏移使刀尖离开加工孔面，如图 3 – 27（a）所示，这样镗刀以快速定位退出孔外时，才不至于刮伤孔面。当镗刀退回到 R 点或初始点时，刀具中心恢复到原来的位置且主轴恢复转动。由于该指令在 XY 平面内具有偏移功能，有效地保护了已加工表面，因此常用于精镗孔加工。

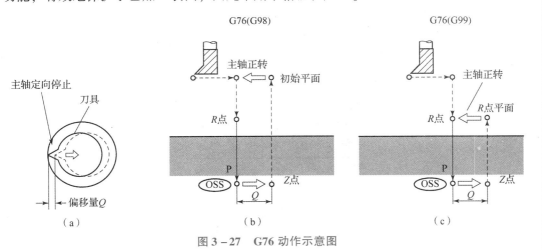

图 3 – 27　G76 动作示意图

（a）G76 指令孔底退刀；（b）刀具返回初始平面；（c）刀具返回 R 点平面

应注意偏移量 Q 值一定是正值，且 Q 不可用小数点方式表示数值，如欲偏移 1.0 mm，应写成 Q1000。偏移方向可用参数设定选择 $+X$、$+Y$、$-X$ 及 $-Y$ 的任何一个方向，一般设定为 $+X$ 向。指定 Q 值时不能太大，以避免碰撞工件。这里要特别指出的是，镗刀在装到主轴上后，一定要在 CRT/MDI 方式下执行 M19 指令，使主轴准停后检查刀尖所处的方向，如图 3-27（a）所示，若与图中位置相反（相差 180°）时，须重新安装刀具使其按图中定位方向定位。

格式：G98/G99 G76 X_ Y_ Z_ R_ Q_ P_ F_ L_;

特别说明：

Q_：刀具在孔底的偏移量（取正值），单位为 μm。

P_：刀具在孔底停顿的时间，单位为 ms。

> 使用 G76 指令时必须注意以下两方面问题：
>
> 1. Q_ 是固定循环内保存的模态值，必须小心指定，因为它也可指定 G73/G83 指令的每次钻深。
>
> 2. 使用 G76 指令前，必须确认机床是否具有主轴准停功能，否则可能会发生撞刀。

（7）G87 反精镗孔固定循环。G87 循环比较特殊，是从下向上反向镗削，称为反镗循环。由于 G87 刀具退出时与孔表面没有接触，故加工表面质量较好，常用于精密孔的镗削加工，其动作如图 3-28 所示。

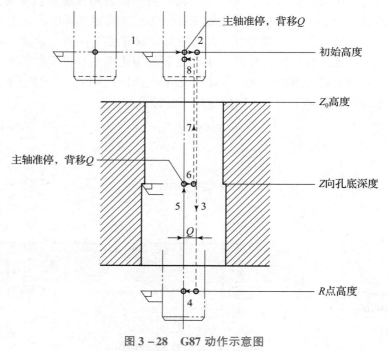

图 3-28 G87 动作示意图

执行 G87 循环，可分 8 个动作：

①刀具在 XY 平面内定位后，主轴准停；

②刀具向刀尖相反方向偏移 Q；

③刀具快速移动到 R 点，注意 R 点的位置；

④刀具向刀尖方向移动 Q 值；

⑤主轴正转并切削进给到孔底；

⑥主轴准停，并沿刀尖相反方向偏移 Q；

⑦快速提刀至初始平面，该循环不能用 G99 进行编程；

⑧向刀尖方向偏移 Q 返回到 XY 平面的定位点，主轴开始正转，循环结束。

格式：G98 G87 X_ Y_ Z_ R_ Q_ F_;

特别说明：

Q_：刀具在孔底的偏移量（取正值），单位为 μm。

> 使用 G87 反精镗孔固定循环指令时，注意 R 点位置和 Z 向孔底位置，因 R 点位于零件底部，所以刀具回退时不能用 G99，只能用 G98 回退至初始平面。

（8）G86 粗镗孔循环。G86 指令与 G81 相同，但在孔底时主轴停止，然后快速退回，如图 3 – 29 所示。回退后主轴正转，采用这种方式退刀时，刀具在退回过程中容易在工件表面划出条痕。该指令常用于精度及表面粗糙度要求不高的镗孔加工。

格式：G98/G99 G86 X_ Y_ Z_ R_ F_ L_;

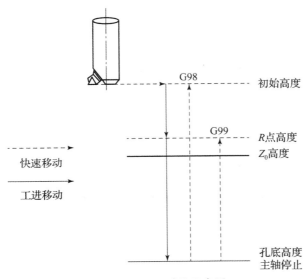

图 3 – 29　G86 动作示意图

（9）G88 镗孔循环（手镗）。执行 G88 循环，刀具以切削进给方式加工到孔底，刀具在孔底暂停后主轴停转，这时可通过手动方式从孔中安全退出刀具，到达返回点平面后，主轴恢复正转，其动作如图 3 – 30 所示。镗孔手动退刀，不需主轴准停，此种方式虽能相应提高孔的加工精度，但加工效率较低。

指令格式：G98/G99 G88 X_ Y_ Z_ R_ P_ F_;

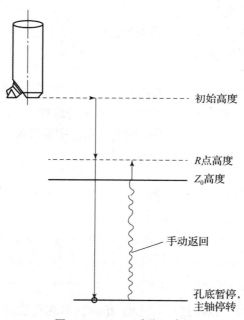

图 3 – 30　G88 动作示意图

（10）G89 镗孔循环。G89 动作与 G85 动作基本类似，不同的是 G89 动作在孔底增加了暂停，如图 3 – 31 所示，因此该指令常用于阶梯孔的加工。

指令格式：G98/G99 G89 X_　Y_　Z_　R_　P_　F_;

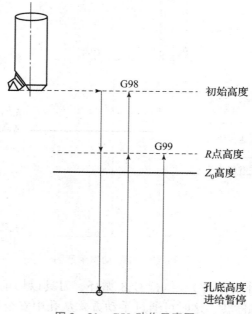

图 3 – 31　G89 动作示意图

（11）G74/G84 攻螺纹循环指令。G74/G84 用于螺纹孔的加工。G74 为左旋螺纹攻丝循环，当刀具以反转方式切削螺纹至孔底后，主轴正转返回 R 点平面或初始平面，最终加工出左旋的螺纹孔，其指令动作如图 3-32 所示；G84 为右旋螺纹攻丝循环，当刀具以正转方式切削螺纹至孔底后，主轴反转返回 R 点平面或初始平面，最终加工出右旋的螺纹孔，其指令动作如图 3-33 所示。孔底 Z 点和 R 点为主轴正反转的分界点。

指令格式：G98/G99 G74/G84 X_ Y_ Z_ R_ P_ F_;

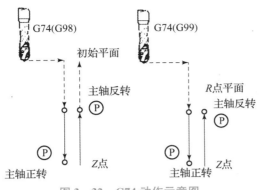

图 3-32　G74 动作示意图

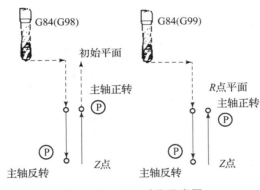

图 3-33　G84 动作示意图

①攻螺纹过程要求主轴转速与进给速度成严格的比例关系，进给速度 F = 转速 (r/min) ×螺纹导程 (mm)。

②R 应选在距工件表面 7 mm 以上的地方。

4) 螺纹孔的加工工艺要点

在数控铣床/加工中心上制作螺纹孔，通常采用两种加工方法，即攻螺纹和铣螺纹。在生产实践中，对于公称直径在 M24 以下的螺纹孔，一般采用攻螺纹方式完成螺孔加工；而对于公称直径在 M24 以上的螺纹孔，则通常采用铣螺纹方式完成螺孔加工。孔径较大的螺纹孔，孔径越大，丝锥与工件的接触面积越大，切削力越大，需要的主轴功率就越高，所以大于 M24 的螺纹孔一般不选择攻丝，而选择铣削螺纹的工艺过程。

（1）攻螺纹。攻螺纹就是用丝锥在孔壁上切削出内螺纹，如图 3-34 所示。攻螺纹分刚性攻螺纹和柔性攻螺纹。

刚性攻螺纹：从理论上讲，攻丝时机床主轴转一圈，丝锥在 Z 轴的进给量应等于它的导程。如果数控铣床/加工中心的主轴转速与其 Z 轴的进给总能保持这种同步成比例运动关系，那么这种攻螺纹方法称为"刚性攻螺纹"，也称刚性攻丝。刚性攻丝采用刚性丝锥。

柔性攻螺纹：就是主轴转速与丝锥进给没有严格的同步成比例运动关系，而是用可伸缩的攻丝夹头（也称浮动丝锥，如图 3-35 所示），靠装在攻丝夹头内部的弹簧对进给量进行补偿以改善攻螺纹的精度，这种攻螺纹方法称为"柔性攻螺纹"，也称柔性攻丝。

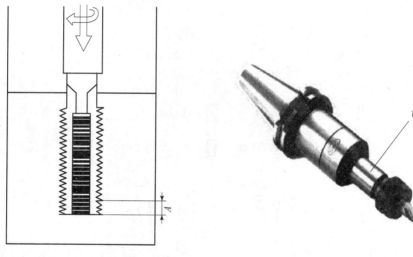

图 3-34　攻螺纹　　　　　　　　图 3-35　浮动丝锥

刚性攻丝要求 CNC 机床控制器具有同步运行功能，否则选用浮动丝锥进行柔性攻丝，柔性攻丝时，可将进给率适当下调 5%，将有更好的攻丝效果。当给定的 Z 向进给速度略小于螺旋运动的轴向速度时，丝锥切入孔中几牙后，丝锥将被螺旋运动向下引拉到攻丝深度，有利于保护浮动丝锥。

（2）攻螺纹前底孔的确定。丝锥攻内螺纹前，先要有螺纹底孔，理论上底孔直径就是螺纹小径，底孔直径大小的确定应考虑工件材料塑性大小及钻孔扩张量等因素。丝锥攻螺纹时，伴随着较强的挤压作用，金属产生塑性变形形成凸起并挤向牙尖，使攻出螺纹的小径小于底孔直径。因此，攻丝前的底孔直径应稍大于螺纹小径，否则攻螺纹时因挤压作用，使螺纹牙顶与丝锥牙底之间没有足够的容屑空间，将丝锥箍住，甚至折断丝锥，这种现象在攻塑性较大的材料时将更为严重。但底孔不宜过大，否则会使螺纹牙型高度不够，降低连接强度。

底孔直径要根据工件材料塑性大小及钻孔扩张量考虑，按经验公式计算得出：

①加工钢件或塑性金属：底孔直径 $\approx D - P$；

②加工铸铁或脆性金属：底孔直径 $\approx D - (1.05 \sim 1.1)P$；

式中，D——公称直径；

P——螺纹的螺距。

（3）攻螺纹底孔深度的确定。丝锥攻丝的编程深度与丝锥的切削锥角形状有关，为了正确地加工螺纹孔，必须根据所加工孔的结构特征来选择丝锥，丝锥的切削锥角形状或锥角长度不仅影响丝锥攻丝的编程深度，而且影响加工孔的编程深度。

攻不通孔螺纹时，由于丝锥切削部分有锥角，前端不能攻出完整的牙型，所以钻孔深度要大于螺纹的有效深度。

通常钻孔深度约等于螺纹有效深度加上螺纹公称直径的 0.7 倍，即

$$H_{钻} \approx h_{有效} + 0.7D$$

式中，$H_{钻}$ 为钻孔深度；$h_{有效}$ 为螺纹有效深度；D 为螺纹大径，即公称直径。

（4）孔口倒角。用锪孔钻在孔口倒角，孔口倒角直径应大于螺纹大径。这样可使丝锥开始时容易切入，并可防止孔口的螺纹牙崩裂。

（5）攻螺纹轴向起点与终点尺寸的确定。攻螺纹时，转速与进给呈严格的比例关系，但实际加工过程中，转速在进行攻螺纹开始前有一个加速的过程，结束前有一个减速的过程，螺距不可能保持均匀，因此在攻螺纹的起点与终点均应有一段距离，距离公式如下：

$$d_1 = (2 \sim 3)P \quad （螺纹开始前距离，即导入距离）$$
$$d_2 = (1 \sim 2)P \quad （螺纹结束前距离，即导出距离）$$

加工通孔螺纹导出量还应考虑丝锥前端切削锥角的长度。

（6）铣螺纹。铣螺纹就是用螺纹铣刀在孔壁切削内螺纹。其工作原理是应用 G03/G02 螺旋插补指令，刀具沿工件表面切削，螺旋插补一周，刀具沿 $-Z$ 向走一个螺距量，如图 3-36 所示。

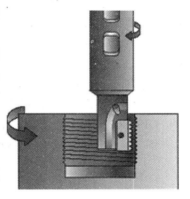

图 3-36　铣螺纹

铣螺纹主要分为以下工艺过程，如图 3-37 所示。

①螺纹铣刀运动至孔深尺寸。

②螺纹铣刀快速提升到螺纹深度尺寸，螺纹铣刀以 90°或 180°圆弧切入螺纹起始点。

③螺纹铣刀绕螺纹轴线做 X、Y 向圆弧插补运动，同时做平行于轴线的 $+Z$ 向运动。以右旋螺纹为例，每绕螺纹轴线运动 360°，沿 $+Z$ 向上升一个螺距。三轴联动运行轨迹为一条螺旋线。

④螺纹铣刀以圆弧从起始点（也是结束点）退刀。

⑤螺纹铣刀快速退至工件安全平面，准备加工下一孔。

该加工过程包括内螺纹铣削和螺纹清根铣削，采用一把刀具一次完成，加工效率很高。

从图 3-37 中还可看出，右旋内螺纹的加工是从里往外切削，左旋内螺纹的加工是从外向里切削，这主要是为了保证铣削时为顺铣，提高螺纹质量而设计的。螺纹铣削运动轨迹为一条螺旋线，可通过数控机床的三轴联动来实现。与一般轮廓的数控铣削一样，螺纹铣削开始进刀时也可采用 1/4 圆弧切入或直线切入。铣削时应尽量选用刀片宽度大于被加工螺纹长度的铣刀，这样，铣刀只需旋转 360°即可完成螺纹加工。

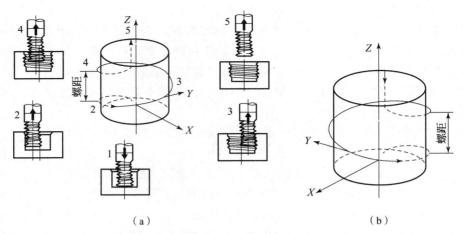

（a）　　　　　　　　　　　　　　　　　（b）

图 3 – 37　铣螺纹工艺过程

（a）右旋螺纹；（b）左旋螺纹

对于数控铣床或加工中心来说，螺纹铣削加工程序的编制主要采用 G02、G03 圆弧插补指令，即在二轴圆弧插补的同时加入第三轴直线插补，形成螺旋插补运动。

其指令格式为：

G02（G03）X_　Y_　Z_　I_　J_　F_；

或 G02（G03）X_　Y_　Z_　R_　F_；

其中：G02 表示螺旋线旋向为顺时针方向；G03 表示螺旋线旋向为逆时针方向；X_、Y_、Z_、表示螺旋线的终点坐标值；I_、J_分别为圆弧圆心相对于螺旋线的起点在 X、Y 轴上的坐标增量值；R_为圆弧的半径。

例：图 3 – 38 所示为单螺距螺旋下刀的轨迹示意图，编程指令为：

G17 G02 I_　J_　Z_　F_；

图 3 – 39 所示为多螺距螺旋下刀的轨迹示意图，编程指令为：

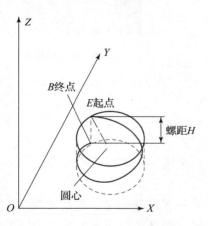

图 3 – 38　单螺距螺旋下刀的轨迹示意图　　　　图 3 – 39　多螺距螺旋下刀的轨迹示意图

G17 G02 I_　J_　ZB_1 F_；

G17 G02 I_　J_　ZB_2 F_；

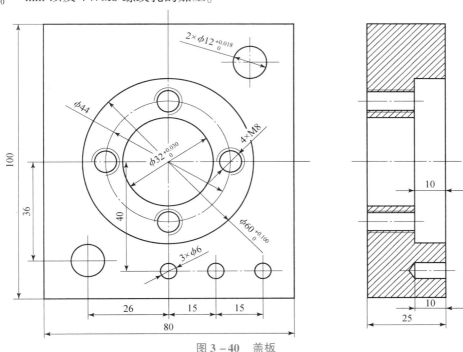

G17 G02 I_ J_ ZB_n F_;

当螺纹轴向较长时，可运用宏程序编制螺纹铣削程序（有关宏程序的相关知识将在后续章节中介绍）。

6. 孔加工固定循环指令应用

如图 3 – 40 所示盖板，毛坯为 100 mm × 80 mm × 25 mm 的 Q235 钢板料，零件上表面及 $\phi 60^{+0.100}_{0}$ mm 的圆柱槽已完成加工，现要求：完成 3 × ϕ6 mm、2 × $\phi 12^{+0.018}_{0}$ mm、$\phi 32^{+0.030}_{0}$ mm 以及 4 × M8 螺纹孔的加工。

图 3 – 40　盖板

1）工艺分析

$\phi 32^{+0.030}_{0}$ mm 孔的精度要求较高，对于孔径较大时一般不选择铰孔进行精加工，可以用镗孔来保证精度，故可采用钻→扩→镗的加工方案；3 × ϕ6 mm 孔没有精度要求，直接用钻的加工方案；2 × $\phi 12^{+0.018}_{0}$ mm 孔的精度要求较高，可采用钻→扩→铰的加工方案来保证孔的精度要求。4 × M8 螺纹孔可采用钻→攻丝的加工方案。

各孔之间有位置要求，所以在用钻头钻孔之前要先用中心钻钻中心孔。各孔加工具体工艺过程安排如下：

$\phi 32^{+0.030}_{0}$ mm 孔的加工：

（1）用 ϕ3 mm 的中心钻在 $\phi 32^{+0.030}_{0}$ mm 的孔位处钻中心孔；

（2）用 ϕ20 mm 的麻花钻钻预孔；

（3）用 ϕ26 mm 的麻花钻扩孔；

（4）用 ϕ30 mm 的麻花钻扩孔；

（5）用粗镗刀将孔镗至 31.5 mm；

（6）用精镗刀精镗孔保证 $\phi 32^{+0.030}_{0}$ mm 尺寸。

$3 \times \phi 6$ mm 孔的加工：

（1）用 $\phi 3$ mm 的中心钻在 3 个孔的孔位置处钻中心孔；

（2）用 $\phi 6$ mm 的麻花钻钻孔，孔的位置度由数控程序及机床来保证。

$2 \times \phi 12^{+0.018}_{0}$ mm 孔的加工：

（1）用 $\phi 3$ mm 的中心钻在孔位置处钻中心孔；

（2）用 $\phi 9$ mm 的麻花钻钻孔；

（3）用 $\phi 11.8$ mm 的麻花钻扩孔；

（4）用 $\phi 12$H7 mm 的铰刀铰孔。

$4 \times$ M8 螺纹孔的加工：

（1）用 $\phi 3$ mm 的中心钻在孔位置处钻中心孔；

（2）用 $\phi 6.7$ mm 的麻花钻钻孔；

（3）用 M8 的丝锥攻丝。

2）数控加工程序编制

各孔的加工程序如表 3 - 6 ~ 表 3 - 9 所示。

表 3 - 6 $\phi 32^{+0.030}_{0}$ mm 孔加工 NC 程序

段号	FANUC 系统程序	SINUMERIK 系统程序	程序说明
	O3011；	SK311. MPF	程序名
N10	T01 M06；	T01 M06	自动换 1 号刀（中心钻）
N20	G54 G17 G90 G00 X0 Y0；	G54 G17 G90 G00 X0 Y0	建立工件坐标系，同时快速定位至工件零点
N30	S1000 M03；	S1000 M03	主轴以 1 000 r/min 的转速正转
N40	G00 G43 Z80 H01 M08；	G00 Z80 D1 M08 F35	建立 1 号刀具长度补偿，开启冷却液
N50	G98 G81 X0 Y0 Z-3 R2 F35；	CYCLE81(100,0,2,3)	钻孔循环
N60		X0 Y0	孔位数据
N70	G80 G00 G49 Z-100 M09；	G00 Z100 M09	抬刀，取消钻孔循环，取消刀具长度补偿
N80	M05；	M05	主轴停转
N90	T02 M06；	T02 M06	自动换 2 号刀（$\phi 20$ mm 麻花钻）
N100	S350 M03；	S350 M03	主轴以 350 r/min 的转速正转
N110	G00 G43 Z80 H02 M08；	G00 Z80 D1 M08 F25	建立 2 号刀具长度补偿，开启冷却液
N120	G98 G81 X0 Y0 Z-32 R2 F25；	CYCLE81(100,0,2,32)	钻孔循环
N130		X0 Y0	孔位数据
N140	G80 G00 G49 Z-100 M09；	G00 Z100 M09	抬刀，取消钻孔循环，取消刀具长度补偿
N150	M05；	M05	主轴停转
N160	T03 M06；	T03 M06	自动换 3 号刀（$\phi 26$ mm 麻花钻）

段号	FANUC 系统程序	SINUMERIK 系统程序	程序说明
N170	S300 M03；	S300 M03	主轴以 300 r/min 的转速正转
N180	G00 G43 Z80 H03 M08；	G00 Z80 D1 M08 F25	建立 3 号刀具长度补偿，开启冷却液
N190	G98 G81 X0 Y0 Z−32 R2 F25；	CYCLE81（100,0,2,32）	钻孔循环
N200		X0 Y0	孔位数据
N210	G80 G00 G49 Z−100 M09；	G00 Z100 M09	抬刀，取消钻孔循环，取消刀具长度补偿
N220	M05；	M05	主轴停转
N230	T04 M06；	T04 M06	自动换 4 号刀（φ30 mm 麻花钻）
N240	S260 M04；	S260 M04	主轴以 300 r/min 的转速反转
N250	G00 G43 Z80 H04 M08；	G00 G43 Z80 D1 M08 F25	建立 4 号刀具长度补偿，开启冷却液
N260	G98 G81 X0 Y0 Z−32 R2 F25；	CYCLE81（100,0,2,32）	钻孔循环
N270		X0 Y0	孔位数据
N280	G80 G00 G49 Z−100 M09；	G00 Z100 M09	抬刀，取消钻孔循环，取消刀具长度补偿
N290	M05；	M05	主轴停转
N300	T05 M06；	T05 M06	自动换 5 号刀（粗镗刀）
N310	S500 M03；	S500 M03	主轴以 500 r/min 的转速正转
N320	G00 G43 Z80 H05 M08；	G00 Z80 D1 M08 F35	建立 5 号刀具长度补偿，开启冷却液
N330	G98 G86 X0 Y0 Z−26 R3 F35；	CYCLE86（100,0,2,26, 0,2,3,1,1,1,45）	镗孔循环
N340		X0 Y0	孔位数据
N350	G80 G00 G49 Z−100 M09；	G00 Z100 M09	抬刀，取消钻孔循环，取消刀具长度补偿
N360	M05；	M05	主轴停转
N370	T06 M06；	T06 M06	自动换 6 号刀（精镗刀）
N380	S1000 M03；	S1000 M03	主轴以 1 000 r/min 的转速正转
N390	G00 G43 Z80 H06 M08；	G00 Z80 D1 M08	建立 6 号刀具长度补偿，开启冷却液
N400	G98 G76 X0 Y0 Z−26 R3 F100；	CYCLE86（100,0,2,26, 0,2,3,1,1,1,45）	镗孔循环
N410		X0 Y0	孔位数据
N420	G80 G00 G49 Z−100 M09；	G00 Z100 M09	抬刀，取消钻孔循环，取消刀具长度补偿
N430	M05；	M05	主轴停转
N440	M30；	M30	程序结束

表 3-7 ϕ6 mm 孔加工 NC 程序

段号	FANUC 系统程序	SINUMERIK 系统程序	程序说明
	O3022；	SK322. MPF	程序名
N10	T01 M06；	T01 M06	自动换 1 号刀（中心钻）
N20	G54 G17 G90 G00 X0 Y0；	G54 G17 G90 G00 X0 Y0	建立工件坐标系，同时快速定位至工件零点
N30	S1000 M03；	S1000 M03	主轴以 1 000 r/min 的转速正转
N40	G00 G43 Z80 H01 M08；	G00 Z80 D1 M08 F35	建立 1 号刀具长度补偿，开启冷却液
N50	G99 G81 X0 Y-40 Z-3 R2 F35；	MCALL CYCLE81（100，0,2,3）	钻孔循环
N60		X0 Y-40	孔位数据
N70	X15 Y-40；	X15 Y-40	孔位数据
N80	X30 Y-40；	X30 Y-40	孔位数据
N90	G80；	MCALL	钻孔循环取消
N100	G00 G49 Z-100 M09；	G00 Z100 M09	抬刀，取消刀具长度补偿，关闭切削液
N110	M05；	M05	主轴停转
N120	T02 M06；	T02 M06	自动换 2 号刀（ϕ6 mm 麻花钻）
N130	S800 M03；	S800 M03	主轴以 800 r/min 的转速正转
N140	G00 G43 Z80 H02 M08；	G00 Z80 D1 M08 F35	建立 2 号刀具长度补偿，开启冷却液
N150	G99 G81 X0 Y-40 Z-12 R2 F45；	MCALL CYCLE81（100，0,2,12）	钻孔循环
N160		X0 Y-40	孔位数据
N170	X15 Y-40；	X15 Y-40	孔位数据
N180	X30 Y-40；	X30 Y-40	孔位数据
N190	G80；	MCALL	钻孔循环取消
N200	G00 G49 Z-100 M09；	G00 Z100 M09	抬刀，取消刀具长度补偿
N210	M30；	M30	程序结束

表 3-8 $\phi12^{+0.018}_{0}$ mm 孔加工 NC 程序

段号	FANUC 系统程序	SINUMERIK 系统程序	程序说明
	O3033；	SK333. MPF	程序名
N10	T01 M06；	T01 M06	自动换 1 号刀（中心钻）
N20	G54 G17 G90 G00 X0 Y0；	G54 G17 G90 G00 X0 Y0	建立工件坐标系，同时快速定位至工件零点

段号	FANUC 系统程序	SINUMERIK 系统程序	程序说明
N30	S1000 M03;	S1000 M03	主轴以 1 000 r/min 的转速正转
N40	G00 G43 Z80 H01 M08;	G00 Z80 D1 M08 F35	建立 1 号刀具长度补偿，开启冷却液
N50	G99 G81 X - 26 Y - 36 Z - 3 R2 F35;	MCALL CYCLE81（100，0，2，3）	钻孔循环
N60		X - 26 Y - 36	孔位数据
N70	X26 Y36;	X26 Y36	孔位数据
N80	G80;	MCALL	钻孔循环取消
N90	G00 G49 Z - 100 M09;	G00 Z100 M09	抬刀，取消刀具长度补偿，关闭切削液
N100	M05;	M05	主轴停转
N110	T02 M06;	T02 M06	自动换 2 号刀（φ9 mm 麻花钻）
N120	S650 M03;	S650 M03	主轴以 650 r/min 的转速正转
N130	G00 G43 Z80 H02 M08;	G00 Z80 D1 M08 F50	建立 2 号刀具长度补偿，开启冷却液
N140	G99 G81 X - 26 Y - 36 Z - 30 R2 F50;	MCALL CYCLE81（100，0，2，30）	钻孔循环
N150		X - 26 Y - 36	孔位数据
N160	X26 Y36;	X26 Y36	孔位数据
N170	G80;	MCALL	钻孔循环取消
N180	G00 G49 Z - 100 M09;	G00 Z100 M09	抬刀，取消刀具长度补偿，关闭切削液
N190	M05;	M05	主轴停转
N200	T03 M06;	T03 M06	自动换 3 号刀（φ11.8 mm 麻花钻）
N210	S600 M03;	S600 M03	主轴以 600 r/min 的转速正转
N220	G00 G43 Z80 H03 M08;	G00 Z80 D1 M08 F50	建立 3 号刀具长度补偿，开启冷却液
N230	G99 G81 X - 26 Y - 36 Z - 30 R2 F50;	MCALL CYCLE81（100，0，2，30）	扩孔循环
N240		X - 26 Y - 36	孔位数据
N250	X26 Y36;	X26 Y36	孔位数据
	G80;	MCALL	钻孔循环取消
N260	G00 G49 Z - 100 M09;	G00 Z100 M09	抬刀，取消刀具长度补偿，关闭切削液
N270	M05;	M05	主轴停转
N280	T04 M06;	T04 M06	自动换 4 号刀（φ12 mm 铰刀）

段号	FANUC 系统程序	SINUMERIK 系统程序	程序说明
N290	S200 M03；	S200 M03	主轴以 200 r/min 的转速正转
N300	G00 G43 Z80 H04 M08；	G00 Z80 D1 M08 F100	建立 4 号刀具长度补偿，开启冷却液
N310	G99 G85 X－26 Y－36 Z－28 R2 F100；	MCALL CYCLE85（100，0，3，28，200，300）	铰孔循环
N320		X－26 Y－36	孔位数据
N330	X26 Y36；	X26 Y36	孔位数据
N340	G80；	MCALL	铰孔循环取消
N350	G00 G49 Z－100 M09；	G00 Z100 M09	抬刀，取消刀具长度补偿，关闭切削液
N360	M30；	M30	程序结束

表 3－9　M8 螺纹孔攻丝程序

段号	FANUC 系统程序	SINUMERIK 系统程序	程序说明
	O3044；	SK344. MPF	程序名
N10	T01 M06；	T01 M06	自动换 1 号刀（中心钻）
N20	G54 G17 G90 G00 X0 Y0；	G54 G17 G90 G00 X0 Y0	建立工件坐标系，同时快速定位至工件零点
N30	S1000 M03；	S1000 M03	主轴以 1 000 r/min 的转速正转
N40	G00 G43 Z80 H01 M08；	G00 Z80 D1 M08 F35	建立 1 号刀具长度补偿，开启冷却液
N50	G99 G81 X22 Y0 Z－3 R2 F35；	MCALL CYCLE81（100，0，2，3）	钻孔循环
N60		X22 Y0	孔位数据
N70	X0 Y22；	X0 Y22	孔位数据
N80	X－22 Y0；	X－22 Y0	孔位数据
N90	X0 Y－22；	X0 Y－22	孔位数据
N100	G80；	MCALL	取消钻孔循环
N110	G00 G49 Z－100 M09；	G00 Z100 M09	抬刀，取消刀具长度补偿，关闭切削液
N120	M05；	M05	主轴停转
N130	T02 M06；	T02 M06	自动换 2 号刀（ϕ6.7 mm 麻花钻）
N140	S800 M03；	S800 M03	主轴以 800 r/min 的转速正转
N150	G00 G43 Z80 H02 M08；	G00 Z80 D1 M08 F35	建立 2 号刀具长度补偿，开启冷却液

段号	FANUC 系统程序	SINUMERIK 系统程序	程序说明
N160	G99 G81 X22 Y0 Z－20 R2 F35；	MCALL CYCLE81（100，0，2，20）	钻孔循环
N170		X22 Y0	孔位数据
N180	X0 Y22；	X0 Y22	孔位数据
N190	X－22 Y0；	X－22 Y0	孔位数据
N200	X0 Y－22；	X0 Y－22	孔位数据
N210	G80；	MCALL	取消钻孔循环
N220	G00 G49 Z－100 M09；	G00 Z100 M09	抬刀，取消刀具长度补偿，关闭切削液
N230	M05；	M05	主轴停转
N240	T03 M06；	T03 M06	自动换 3 号刀（M8 丝锥）
N250	S150 M03；	S150 M03	主轴以 150 r/min 的转速正转
N260	G00 G43 Z80 H03 M08；	G00 Z80 D1 M08 F1.5	建立 3 号刀具长度补偿，开启冷却液
N270	G99 G84 X22 Y0 Z－20 R2 F1.5；	MCALL CYCLE84（100，0，2，20）	钻孔循环
N280		X22 Y0	孔位数据
N290	X0 Y22；	X0 Y22	孔位数据
N300	X－22 Y0；	X－22 Y0	孔位数据
N310	X0 Y－22；	X0 Y－22	孔位数据
N320	G80；	MCALL	取消攻丝循环
N330	G00 G49 Z－100 M09；	G00 Z100 M09	抬刀，取消刀具长度补偿，关闭切削液
N340	M30；	M30	程序结束

①如果是钻完之后要铰的孔、螺纹孔、位置度要求较高、细长孔或工件表面质量要求较高的孔，要先用中心钻钻中心孔，以定位麻花钻钻尖，避免麻花钻与工件刚接触时打滑，导致钻出的孔倾斜，甚至可能打刀（钻头断在孔里）。

②在使用镗刀的时候，要注意镗刀刀尖的方向。需要主轴定向后，把镗刀头的方向转到正确的位置，对准主轴端面键将刀具安装到主轴上。

③铰孔的精加工余量一般取 0.1~0.2 mm（直径值），镗孔的精加工余量一般取 0.4~0.6 mm（直径值）。

加工如图 3－41 所示的零件图中 M36×1.5 mm 的通孔螺纹。

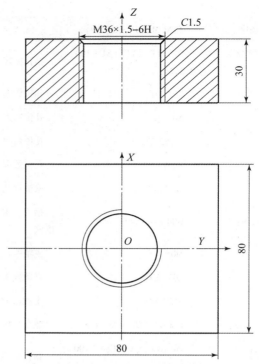

图 3 – 41 M36 × 1.5 mm 通孔螺纹加工

1）工艺分析

（1）刀具选择：选用 16 mm 的单刃螺纹铣刀，刀具转速 $S = 1\ 800$ r/min，进给量 $F = 300$ mm/min。

（2）加工原理：单刃螺纹铣刀加工是建立在螺旋式下刀方法基础上的加工方式。螺纹铣刀每铣一周，刀具在 Z 轴方向上运动一个导程（单线时为一个螺距）。

（3）螺纹 M36 × 1.5 mm 的底孔直径计算：

公称直径 $- 1.082\ 5 \times P$（螺距）$= 36 - 1.082\ 5 \times 1.5 \approx 34.38$（mm）

确认该零件的加工毛坯为 80 mm × 80 mm × 30 mm 的 45 钢，建立刀具半径补偿，圆弧导入点为 A（图 3 – 42），圆弧导出点为 B，取消刀补。

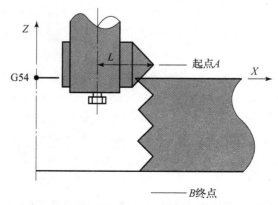

图 3 – 42 螺纹加工起点与终点

2）程序编写

程序编写实质就是将一个导程的螺旋线编成一个子程序，通过反复调用该螺旋线子程序进行加工，即可完成整个螺纹的铣削加工。利用该方法加工螺纹不受铣刀螺距和螺纹规格等参数的影响，所以在数控铣床和加工中心上应用广泛。其加工主程序如表 3 – 10 所示，子程序如表 3 – 11 所示。

表 3 – 10　螺纹铣削主程序

FANUC 系统程序	程序说明
O4000；	主程序名
T2 M06；	2 号刀具为 ϕ16 mm 的螺纹铣刀
G80 G40 G69；	取消固定循环、刀具半径补偿和旋转指令
G90 G54 G00 X0 Y0 M03 S1800；	建立工件坐标系，刀具定位至工件原点，启动主轴
G43 Z50.0 H02；	2 号刀具长度补偿
Z5.0；	快速移动点定位
G01 Z0 F50；	工进到 Z0
G42 D02 G01 X–8 Y–10.0；	D02 = L，螺纹铣刀的圆角半径编程值，建立刀补
G02 X–18.0 Y0 R10；	圆弧导入 R10
M98 P4001 L14；	调用子程序 O4001，调用次数 14 次
G90 G02 X–8.0 Y10 R10.0；	圆弧导出 R10
G40 G01 X0 Y0；	取消刀补
G0 Z50.0；	退出
M05；	主轴停止
M30；	程序结束并返回程序头

表 3 – 11　螺纹铣削子程序

FANUC 系统程序	程序说明
O4001；	子程序名
G91 G02 I18.0 Z–1.5 F300；	增量编程，刀具每运行一周沿 Z 轴方向向下移动一个螺距 P = 1.5 mm
M99；	返回主程序

如图 3 – 43 所示带有背镗孔的零件结构，要求加工 ϕ25 mm 和 ϕ30 mm 的两同轴孔，毛坯为实心件，材料为 45 钢。

1）工艺分析

钻中心孔用 G82 孔加工循环；ϕ24 mm 钻头钻削用 G81 孔加工循环；ϕ25 mm 精镗孔用 G76 循环；正镗 ϕ30 mm 的孔用 G89 循环加工；反镗 ϕ30 mm 的孔必须选择 G87 的背镗孔加工循环，因为它在"工件背面"。

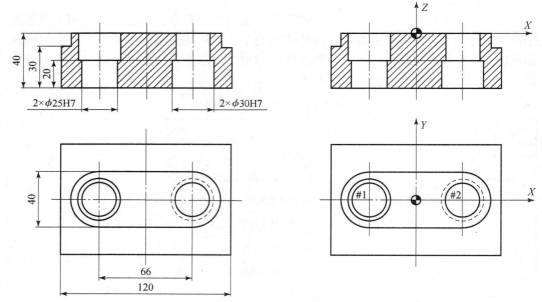

图 3－43　背镗孔零件结构

加工 $\phi 30$ mm 背镗孔时，背镗刀的安装值得注意，刀具安装如图 3－44 所示，因为它从孔底向上加工，主切削刃应向上，必须保证有足够的间隙使镗刀杆可以进入孔内并到达孔底，因此应注意 G76 正镗时 Q 可取 0.3 mm；但对背镗循环 G87，刀具向刀尖相反方向偏移 $Q = (30 - 25) \div 2 + 0.3 = 2.8 (\text{mm})$。另外考虑到对刀时，镗刀是以刀尖高度作为刀位点的高度，刀尖下面的结构有一定的长度，因此初始面高度要足够的大，以防止刀尖下面的结构在定位时对工件干涉。

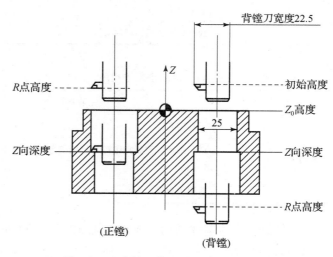

图 3－44　背镗刀的安装及背镗各点高度

根据对零件孔结构的加工要求分析，拟定该孔结构加工方法为：

（1）$\phi 3$ mm 中心钻钻引正孔；

（2）$\phi 24$ mm 高速钢钻头钻底孔；

（3）直径 $\phi25$ mm 硬质合金镗刀正镗孔保证尺寸 $\phi25H7$ mm；

（4）$\phi29.5$ mm 硬质合金正、反镗刀，正、反镗粗、精加工 $\phi30H7$ mm。

零件的加工工艺方案及切削用量选择如表 3-12 所示。

表 3-12 零件的加工工艺方案及切削用量选择

顺序	加工内容	刀具号	刀具规格	主轴转速/$(r \cdot min^{-1})$	进给速度/$(mm \cdot min^{-1})$	补偿号	子程序号
1	铣平面	T01	硬质合金端铣刀盘 $\phi80$ mm	300	200	H01	O6711
2	引正孔	T02	$\phi4$ mm 中心钻	2 000	40	H02	O6712
3	钻 $2 \times \phi24$ mm 底孔	T03	高速钢 $\phi24$ mm 钻头	300	50	H03	O6713
4	镗 $\phi25$ mm 孔	T04	硬质合金直径 $\phi25$ mm 镗刀	900	100	H04	O6714
5	正镗 $\phi29.5$ mm 孔	T05	硬质合金直径 $\phi29.5$ mm 正镗刀	900	120	H05	O6715
6	反镗 $\phi29.5$ mm 孔	T06	硬质合金直径 $\phi29.5$ mm 反镗刀	900	120	H06	O6716
7	正镗 $\phi30H7$ mm 孔	T07	硬质合金 $\phi30H7$ mm 正镗刀	1 000	100	H07	O6717
8	反镗 $\phi30H7$ mm 孔	T08	硬质合金 $\phi30H7$ mm 反镗刀	1 000	100	H08	O6718
备注			设主程序：O6710；换刀子程序号 O8888；				

2）程序编制

主要孔加工程序如表 3-13 ~ 表 3-18 所示。

表 3-13 主程序

FANUC 系统程序	程序说明
O6710；	主程序名
G54 G21 G90 G94 G17 T01；	程序初始化
T01 M06；	换 T01 刀
M98 P6711；	调用铣平面子程序（该程序略）
T02 M06；	换 T02 中心钻
M98 P6712；	调用钻中心孔子程序（该程序略）
T03 M06；	换 T03 麻花钻头
M98 P6713；	调用钻通孔 $\phi24$ mm 子程序（该程序略）
T04 M06；	换 T04 镗刀
M98 P6714；	调用精镗 $\phi25$ mm 孔子程序
T05 M06；	换 T05 镗刀
M98 P6715；	调用正向粗镗 $\phi30$ mm 孔子程序
T06 M06；	换 T06 反镗刀
M98 P6716；	调用反向粗镗 $\phi30$ mm 孔子程序
T07 M06；	换 T07 镗刀
M98 P6717；	调用正向精镗 $\phi30$ mm 孔子程序

FANUC 系统程序	程序说明
T08 M06；	换 T08 镗刀
M98 P6718；	调用反向精镗 φ30 mm 孔子程序
G91 G28 Z0；	返回参考点
M05；	主轴停转
M30；	程序结束

表 3 – 14　T04 精镗 φ25 mm 孔子程序

FANUC 系统程序	程序说明
O6714；	子程序名
S1000 M03；	主轴正转
G43 Z20.0 H04 M08；	调用 4 号长度补偿
G99 G85 X－33 Y0 R5.0 Z－45.0 F80.0；	镗#1 号孔
X33；	镗#2 号孔
G00 Z20.0；	抬刀
M99；	子程序结束，返回主程序

表 3 – 15　T05 正向粗镗 φ30 mm 孔子程序

FANUC 系统程序	程序说明
O6715；	子程序名
S800 M03；	主轴正转
G43 Z20.0 H05 M08；	调用 5 号长度补偿
G99 G89 X－33 Y0 R5.0 Z－20.0 P100 F80.0；	镗#1 号孔
G00 Z20.0；	抬刀
M99；	子程序结束，返回主程序

表 3 – 16　T06 反向粗镗 φ30 mm 孔子程序

FANUC 系统程序	程序说明
O6716；	子程序名
S800 M03；	主轴正转
G43 Z20.0 H06 M08；	调用 6 号长度补偿
G98 G87 X33 Y0 R－45.0 Z－20.0 Q2.8 F80.0；	镗#2 号孔
G00 Z50.0；	抬刀
M99；	子程序结束，返回主程序

表 3 – 17　T07 正向精镗 $\phi30$ mm 孔子程序

FANUC 系统程序	程序说明
O6717；	子程序名
S1000 M03；	主轴正转
G43 Z20. 0 H07 M08；	调用 7 号长度补偿
G99 G89 X – 33 Y0 R5. 0 Z – 20. 0 P100 F60. 0；	镗#1 号孔
G00 Z20. 0；	抬刀
M99；	子程序结束，返回主程序

表 3 – 18　T08 反向精镗 $\phi30$ mm 孔子程序

FANUC 系统程序	程序说明
O6718；	子程序名
S1000 M03；	主轴正转
G43 Z20. 0 H08 M08；	调用 8 号长度补偿
G98 G87 X33 Y0 R – 45. 0 Z – 20. 0 Q2. 8 F80. 0；	镗#2 号孔
G00 Z50. 0；	抬刀
M99；	子程序结束，返回主程序

3. 1. 3　坐标系旋转指令——G68/G69

1. 指令功能

用该功能（坐标旋转指令）可将工件旋转某一指定的角度。对于某些由相同的图形围绕中心旋转得到的特殊轮廓的加工，可将图形单元编成子程序，然后用主程序的旋转指令调用。这样可简化编程，省时、省存储空间，如图 3 – 45 所示。

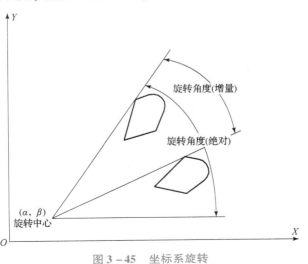

图 3 – 45　坐标系旋转

2. 编程格式

G17/G18/G19 G68 α_β_R_; 坐标系旋转生效指令

… 坐标系旋转方式的程序段

G69; 坐标系旋转取消指令

说明及注意事项：

（1）其中，G68 为建立旋转变换；G69 为取消旋转变换；α_、β_为与指令的坐标平面（G17、G18、G19）相应的 X_、Y_、Z_中的两个轴的绝对指令，在 G68 后面指定旋转中心；R 用于指定坐标系旋转的角度，旋转角度的零度方向为第一坐标轴的正方向，逆时针方向为角度方向的正方向。在不同平面中旋转角正方向的定义如图 3-46 所示。

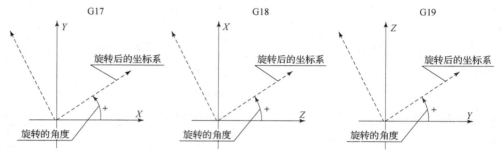

图 3-46 在不同平面中旋转角正方向的定义

(a) G17；(b) G18；(c) G19

（2）在坐标系旋转 G 代码（G68）的程序段之前指定平面选择代码（G17、G18、G19）。平面选择代码不能在坐标系旋转方式中指定。

（3）在有刀具补偿的情况下，先旋转后刀补（刀具半径补偿、刀具长度补偿、刀具偏置和其他补偿操作）。

（4）在坐标系旋转方式中，与返回参考点有关的 G 代码（G27、G28、G29、G30 等）以及那些与坐标系有关的 G 代码（G52～G59，G92 等）不能指定。如果需要这些 G 代码，必须在旋转方式取消以后才能指定。

（5）坐标系旋转取消指令 G69 以后第一个移动指令必须用绝对值指定，如果用增量值指定，将不执行正确的移动。

（6）在同时使用镜像、缩放及旋转时应注意：CNC 的数据处理顺序是从程序镜像到比例缩放和坐标旋转，再到刀具半径补偿，应按该顺序指定指令；取消时，按相反顺序。在比例缩放或坐标系旋转方式，不能指定 G50.1 或 G51.1。但在镜像指令中可以指定比例缩放指令或坐标系旋转指令。

（7）如果在镜像指令中有坐标系旋转指令，则坐标系旋转方向相反，即顺时针变成逆时针，逆时针变成顺时针。

（8）如果在坐标系旋转指令前有比例缩放指令，则坐标系旋转中心也被缩放，但旋转角度不被比例缩放。

3. 指令应用

例如，在数控铣床上铣削如图 3-47 所示的凹槽形零件，材料为铝合金。毛坯尺寸为 φ100 mm×25 mm。其零件加工的参考程序如表 3-19～表 3-21 所示。

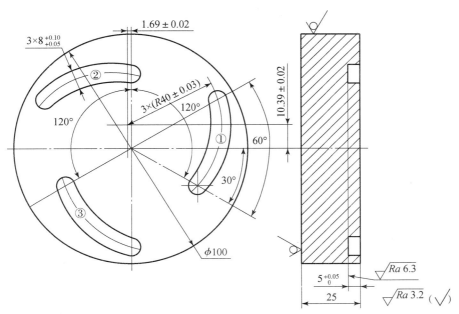

图 3-47 坐标系旋转指令编程应用

表 3-19 坐标系旋转指令编程应用 NC 主程序

段号	FANUC 系统程序	SINUMERIK 系统程序	程序说明
	O6050;	B6050. MPF	主程序名
N10	G54 G90 G94 G17 G40 G21 G49;	G54 G90 G94 G17 G40 G71	程序初始化（换粗加工刀具 $\phi6$ mm 键槽铣刀）
N20	M03 S1000;	M03 S1000	主轴正转，速度为 1 000 r/min
N30	G00 X0 Y0;	G00 X0 Y0	刀具 X、Y 定位在（0，0）点
N40	G00 G43 Z50 H01;	G00 Z50 T1 D1	Z 轴快速定位，调用刀具的长度补偿
N50	M98 P6051;	L6051	调用子程序粗加工凹槽①
N60	G68 X0 Y0 R120;	ROT RPL = 120	坐标旋转 120°
N70	M98 P6051;	L6051	调用子程序粗加工凹槽②
N80	G69;	ROT	取消坐标系旋转指令
N90	G68 X0 Y0 R240;	ROT RPL = 240	坐标系旋转 240°
N100	M98 P6051;	L6051	调用子程序粗加工凹槽③
N110	G69;	ROT	取消坐标系旋转指令
N120	G00 Z100;	G00 Z100	抬刀
N130	M05;	M05	主轴停转（手动换精加工刀具 $\phi5$ mm 立铣刀）
N140	G54 G90 G94 G17 G40 G21 G49;	G54 G90 G94 G17 G40 G71	程序初始化

段号	FANUC 系统程序	SINUMERIK 系统程序	程序说明
N150	M03 S2000；	M03 S2000	主轴正转，速度为 2 000 r/min
N160	G00 X0 Y0；	G00 X0 Y0	刀具 X、Y 定位在（0，0）点
N170	G00 G43 Z50 H02；	G00 Z50 T2 D1	Z 轴快速定位，调用刀具的长度补偿
N180	M98 P6052；	L6052	调用子程序精加工凹槽①
N190	G68 X0 Y0 R120；	ROT RPL = 120	坐标系旋转120°
N200	M98 P6052；	L6052	调用子程序精加工凹槽②
N210	G69；	ROT	取消坐标系旋转指令
N220	G68 X0 Y0 R240；	ROT RPL = 240	坐标系旋转240°
N230	M98 P6052；	L6052	调用子程序精加工凹槽③
N240	G69；	ROT	取消坐标系旋转指令
N250	G00 Z100；	G00 Z100	抬刀
N260	M05；	M05	主轴停转
N270	M30；	M30	程序结束

表 3 – 20　圆弧凹槽粗加工 NC 子程序

段号	FANUC 系统程序	SINUMERIK 系统程序	程序说明
	O6051；	L6051. SPF	子程序名
N10	G00 X28.147 Y – 16.251；	G00 X28.147 Y – 16.251	刀具定位在（28.147，– 16.251）点
N20	G00 Z5；	G00 Z5	Z 向快速靠近工件
N30	G01 Z – 5 F30；	G01 Z – 5 F30	Z 向下刀至 Z – 5 mm
N40	G03 X36.807 Y21.251 R40 F80；	G03 X36.807 Y21.251 CR = 40 F80	时针圆弧插补
N50	G00 Z5；	G00 Z5	Z 向抬刀
N60	X0 Y0；	X0 Y0	刀具定位到圆心（0，0）
N70	M99；	M17	结束子程序

表 3 – 21　圆弧凹槽精加工 NC 子程序

段号	FANUC 系统程序	SINUMERIK 系统程序	程序说明
	O6052；	L6052. SPF	子程序名
N10	G00 X28.147 Y – 16.251；	G00 X28.147 Y – 16.251	刀具 X、Y 定位在（28.147，– 16.251）点
N20	G00 Z5；	G00 Z5	Z 向靠近工件

段号	FANUC 系统程序	SINUMERIK 系统程序	程序说明
N30	G01 Z-5 F30；	G01 Z-5 F30	Z 向下刀
N40	G41 X31.131 Y-18.915 D02 F100；	G41 X31.131 Y-18.915 F100	建立刀具半径左补偿
N50	G03 X40.657 Y22.337 R44；	G03 X40.657 Y22.337 CR=44	逆时针圆弧插补铣削
N60	G03 X32.958 Y20.165 R4；	G03 X32.958 Y20.165 CR=4	逆时针圆弧插补铣削
N70	G02 X25.164 Y-13.587 R36；	G02 X25.164 Y-13.587 CR=36	顺时针圆弧插补铣削
N80	G03 X31.131 Y-18.915 R4；	G03 X31.131 Y-18.915 CR=4	逆时针圆弧插补铣削
N90	G01 G40 X28.147 Y-16.251；	G01 G40 X28.147 Y-16.251	取消刀具半径左补偿
N100	G00 Z5；	G00 Z5	Z 向抬刀
N110	G00 X0 Y0；	G00 X0 Y0	刀具 X、Y 定位在（0，0）点
N120	M99；	M17	子程序结束

任务 3.2　机架零件的编程与加工

3.2.1　坐标平移指令（局部坐标系）G52

1. 功能

当在工件坐标系中编程时，为了方便编程，可将当前工件坐标系复制并平移到某一位置如点（20，30，10），形成一个新的子坐标系，子坐标系也称为局部坐标系。两者的关系如图 3-48 所示。

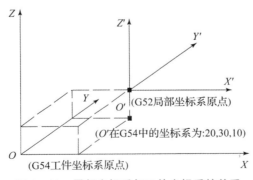

图 3-48　局部坐标系与工件坐标系的关系

2. 编程格式

G52 X_ Y_ Z_；（建立局部坐标系）

…

G52 X0 Y0 Z0；（取消局部坐标系）

说明及注意事项：

（1）坐标 X_、Y_、Z_为局部坐标系原点在当前工件坐标系中的坐标值。

（2）当指定 G52 指令（设定或取消局部坐标系）后，就清除了刀具半径补偿、刀具长度补偿等刀具偏置，在后续的程序段中必须重新指定刀具半径补偿、刀具长度补偿，否则会发生撞刀现象。

3. 指令应用

例如，在数控铣床上铣削如图 3-49 所示的型腔形零件，材料为铝合金。毛坯尺寸 ϕ100 mm×25 mm。其零件加工的参考程序（采用 ϕ12 mm 立铣刀）如表 3-22~表 3-24 所示。

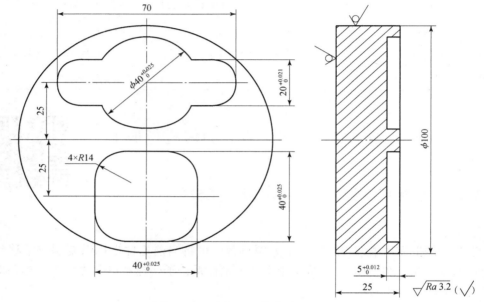

图 3-49　坐标平移指令编程应用

表 3-22　坐标平移指令编程应用 NC 程序

段号	FANUC 系统程序	SINUMERIK 系统程序	程序说明
	O6020；	B6020. MPF	主程序名
N10	G54 G90 G94 G17 G40 G21 G49；	G54 G90 G94 G17 G40 G71	程序初始化
N20	M03 S800；	M03 S800	主轴正转，速度为 800 r/min
N30	G52 X0 Y-25；	TRANS X0 Y-25	在（0，-25）点创建一子坐标系
N40	G00 X-10 Y0 D1；	G00 X-10 Y0 T1 D1	刀具移动至新坐标系（X-10，Y0）点上方，坐标平移有效
N50	G00 G43 Z100 H01；	G00 Z100 T1 D1	Z 轴快速定位，调用刀具的长度补偿

段号	FANUC 系统程序	SINUMERIK 系统程序	程序说明
N60	G00 Z5；	G00 Z5	Z 向靠近工件
N70	M98 P6021；	L6021	调用子程序进行四方型腔加工
N80	G52 X0 Y25；	TRANS X0 Y25	在（0，25）点创建一子坐标系
N90	G00 X－25 Y0；	G00 X－25 Y0	刀具移动至新坐标系（X－25，Y0）点上方，坐标平移有效
N100	M98 P6022；	L6022	调用子程序进行长条槽型腔加工
N110	G52 X0 Y0；	TRANS	取消坐标平移
N120	G00 Z100；	G00 Z100	抬刀
N130	M05；	M05	主轴停转
N140	M30；	M30	程序结束

表 3 - 23　四方型腔子程序

段号	FANUC 系统程序	SINUMERIK 系统程序	程序说明
	O6021；	L6021. SPF	子程序名
N10	G01 Z0 F100；	G01 Z0 F100	直线插补下刀至 Z0 高度
N20	G03 I10 Z－1F50；		
N30	G03 I10 Z－2；		
N40	G03 I10 Z－3；	G03 X－10 Y0 Z－5 I10 J0 TURN＝5 F50	螺旋下刀
N50	G03 I10 Z－4；		
N60	G03 I10 Z－5；		
N70	G03 I10；	G03 I10	整圆插补
N80	G01 X0 Y0；	G01 X0 Y0	直线插补
N90	G01 G41 X10 Y－10；	G01 G41 X10 Y－10	建立刀具半径左补
N100	G03 X20 Y0 R10；	G03 X20 Y0 CR＝10	逆时针圆弧进刀
N110	G01 Y6；	G01 Y6	直线插补
N120	G03 X6 Y20 R14；	G03 X6 Y20 CR＝14	逆时针圆弧插补
N130	G01 X－6；	G01 X－6	直线插补
N140	G03 X－20 Y6 R14；	G03 X－20 Y6 CR＝14	逆时针圆弧插补

段号	FANUC 系统程序	SINUMERIK 系统程序	程序说明
N150	G01 Y－6；	G01 Y－6	直线插补
N160	G03 X－6 Y－20 R14；	G03 X－6 Y－20 CR＝14	逆时针圆弧插补
N170	G01 X6；	G01 X6	直线插补
N180	G03 X20 Y－6 R14；	G03 X20 Y－6 CR＝14	逆时针圆弧插补
N190	G01 Y0；	G01 Y0	直线插补
N200	G03 X10 Y10 R10；	G03 X10 Y10 CR＝10	逆时针圆弧退刀
N210	G01 G40 X0 Y0；	G01 G40 X0 Y0	取消刀具半径左补偿
N220	G00 Z5；	G00 Z5	抬刀
N230	M99；	M17	子程序结束

表 3－24　长条槽子程序

段号	FANUC 系统程序	SINUMERIK 系统程序	程序说明
	O6022；	L6022. SPF	子程序名
N10	G01 Z0 F100；	G01 Z0 F100	直线插补下刀至 Z0 高度
N20	X25 Y0 Z－1；	X25 Y0 Z－1	斜线下刀
N30	X－25 Z－2；	X－25 Z－2	
N40	X25 Z－3；	X25 Z－3	
N50	X－25 Z－4；	X－25 Z－4	
N60	X25 Z－5；	X25 Z－5	
N70	X－25；	X－25	直线插补
N80	G01 G41 Y－10；	G01 G41 Y－10	建立刀具半径左补偿
N90	X25；	X25	直线插补
N100	G03 X25 Y10 R10；	G03 X25 Y10 CR＝10	逆时针圆弧插补
N110	G01 X－25；	G01 X－25	直线插补
N120	G03 Y－10 R10；	G03 Y－10 CR＝10	逆时针圆弧插补
N130	G01 X0；	G01 X0	直线插补
N140	G40 X0 Y0；	G40 X0 Y0	取消刀具半径补偿回到圆心
N150	G01 G41 X20；	G01 G41 X20	建立刀具半径左补偿
N160	G03 I－20 J0；	G03 I－20 J0	逆时针整圆插补

段号	FANUC 系统程序	SINUMERIK 系统程序	程序说明
N170	G01 G40 X0 Y0；	G01 G40 X0 Y0	取消刀具半径补偿回到圆心
N180	G00 Z5；	G00 Z5	抬刀
N190	M99；	M99	子程序结束

3.2.2　可编程镜像指令——G50.1/G51.1

1. 功能

用可编程镜像指令可实现沿某一坐标轴或某一坐标点的对称加工。

2. 编程格式

$$G51.1 \begin{Bmatrix} X\_ \\ Y\_ \\ Z\_ \end{Bmatrix}；设置可编程镜像$$

…　　根据 G51.1 X_、Y_、Z_指定的对称轴生成在这些程序段中指定的镜像

$$G50.1 \begin{Bmatrix} X\_ \\ Y\_ \\ Z\_ \end{Bmatrix}；取消可编程镜像$$

说明及注意事项：

（1）坐标 X_、Y_和 Z_为用 G51.1 指定镜像的对称点和对称轴；用 G50.1 指定镜像的对称轴，不指定对称点。

（2）使用镜像指令后必须进行取消，以免影响后面的程序。在 G90 模式下，使用镜像或取消指令，都要回到工件坐标系原点才能使用。否则，数控系统无法计算后面的运动轨迹，会出现乱走刀现象。这时必须实行手动原点复位操作来解决。

（3）在指定平面对某个轴镜像时，圆弧指令旋转方向反向，即 G02、G03 被互换；刀具半径补偿偏置方向反向，即 G41、G42 被互换；坐标系旋转角度反向，即 CW 和 CCW 被互换。

（4）镜像对固定循环中的 Q 值和 d 值无效。

（5）在镜像状态下，不能指定返回参考点的 G 代码（G27、G28、G29、G30），也不能指定坐标系的 G 代码（G52～G59，G92）。若一定要指定这些代码，应在取消镜像功能后指定。

（6）在使用中，对连续形状不使用镜像功能，走刀中有接刀，使轮廓不光滑。

（7）有刀补时，先镜像，然后进行刀具长度补偿、半径补偿。

3. 指令应用

例如，在数控铣床上铣削如图 3 – 50 所示的岛屿形外轮廓零件，材料为铝合金。毛坯尺寸为 φ100 mm×25 mm。其零件加工的参考程序如表 3 – 25、表 3 – 26 所示。

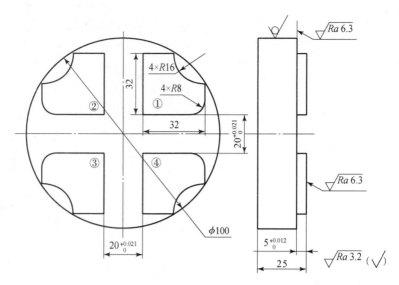

图 3 – 50　可编程镜像指令编程应用

表 3 – 25　可编程镜像指令应用 NC 主程序

段号	FANUC 系统程序	SINUMERIK 系统程序	程序说明
	O6040；	B6040. MPF	主程序名
N10	G54 G90 G94 G17 G40 G21 G49；	G54 G90 G94 G17 G40 G71	程序初始化
N20	M03 S800；	M03 S800	主轴正转，速度为 800 r/min
N30	G00 G43 Z50 H01；	G00 Z50 T1 D1	Z 轴快定位，调用刀具长度补偿
N40	G00 X – 60 Y0；	G00 X – 60 Y0	刀具定位至下刀点
N50	G00 Z5；	G00 Z5	刀具快速到达工件上表面 5 mm 安全高度
N60	G01 Z – 5 F100；	G01 Z – 5 F100	G01 直线插补下刀，到达加工深度
N70	X0；	X0	直线插补至（0，0）点
N80	M98 P6041；	L6041	调用子程序加工凸台①
N90	G51. 1 X0；	MIRROR X0	以 Y 轴为镜像轴进行镜像
N100	M98 P6041；	L6041	调用子程序加工凸台②
N110	G51. 1 Y0；	MIRROR Y0	以 X 轴为镜像轴进行镜像
N120	M98 P6041；	L6041	调用子程序加工凸台④
N130	G51. 1 X0 Y0；	AMIRROR Y0	以（0，0）点为对称点镜像
N140	M98 P6041；	L6041	调用子程序加工凸台③

段号	FANUC 系统程序	SINUMERIK 系统程序	程序说明
N150	G50.1 X0 Y0;	MIRROR	取消镜像
N160	G00 Z100;	G00 Z100	抬刀
N170	M05;	M05	主轴停转
N180	M30;	M30	程序结束

表 3－26　可编程镜像指令应用 NC 子程序

段号	FANUC 系统程序	SINUMERIK 系统程序	程序说明
	O6041;	L6041. SPF	子程序名
N10	G01 G41 X10 Y10 D01 F100;	G01 G41 X10 Y10 F100	建立刀具半径左补偿
N20	Y42;	Y42	直线插补
N30	X26;	X26	直线插补
N40	G03 X42 Y26 R16;	G03 X42 Y26 CR = R16	逆时针圆弧插补
N50	G01 Y18;	G01 Y18	直线插补
N60	G02 X34 Y10 R8;	G02 X34 Y10 CR = 8	顺时针圆弧插补
N70	G01 X0;	G01 X0;	直线插补
N80	G01 G40 Y0;	G01 G40 Y0;	取消刀具半径左补偿
N90	M99;	M17	子程序结束

3.2.3　自动倒角和倒圆指令

1. 功能

可在任意的直线插补和直线插补、直线插补和圆弧插补、圆弧插补和直线插补、圆弧插补和圆弧插补间，自动插入倒棱角或倒圆角，达到简化编程的目的。

2. 编程格式

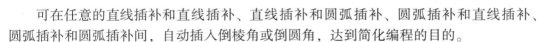

说明及注意事项：

（1）附加 C 则自动插入倒棱角，附加 R 则自动插入倒圆角。C 后的数值为假设未倒角时，指令由假想交点到倒角开始点、终止点的距离，如图 3－51 所示；R 后的数值指令倒圆 R 的半径值，如图 3－52 所示。

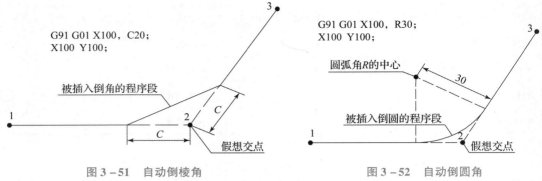

图 3-51　自动倒棱角　　　　　　　　图 3-52　自动倒圆角

（2）上述指令只在平面选择（G17、G18、G19）指定的平面内有效，平面切换之后的程序段中，不能指定倒棱角或倒圆角圆弧过渡。

（3）采用上述指令编程时，假想交点坐标必须易于确定，且倒棱 C 及倒圆 R 程序段之后的程序段必须是直线插补或圆弧插补的移动指令。若为其他指令，则不能切出正确的加工轨迹或出现报警。

（4）倒棱角 C 及倒圆角 R 可在 2 个以上的程序段中连续使用。

（5）DNC 运行不能使用任意角度倒棱角或倒圆角圆弧过渡。

1. 指令应用

例如，在数控铣床上铣削如图 3-53 所示的凸台外形轮廓，材料为铝合金。毛坯已预先铣削加工过，尺寸为 110 mm × 80 mm × 35 mm。其零件加工的参考程序如表 3-27、表 3-28 所示。

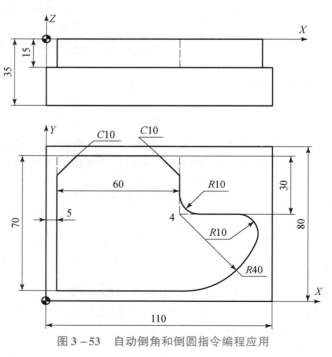

图 3-53　自动倒角和倒圆指令编程应用

表 3 - 27   自动倒角和倒圆指令编程应用 NC 主程序

段号	FANUC 系统程序	SINUMERIK 系统程序	程序说明
	O6010；	B6010. MPF	主程序名
N10	G54 G90 G94 G17 G40 G21 G49；	G54　G90　G94　G17　G40 G71	程序初始化
N20	M03 S800 D1；	M03 S800 T1 D1	主轴正转，速度为 800 r/min
N30	G00 G43 Z100 H1；	G00 Z100	Z 轴快速定位，调用 1 号刀具（粗铣刀具）的长度补偿
N40	G00 X－10 Y－10；	G00 X－10 Y－10	刀具 X、Y 快速定位
N50	G00 Z5；	G00 Z5	刀具快速下降至工件上表面 Z 5 mm
N60	G01 Z0 F50；	G01 Z0 F50	Z 向下刀至工件上表平面 Z0
N70	M98 P36011；	L6011 P3	采用 Z 向分层铣削，调用三次子程序对轮廓进行粗加工
N80	G00 Z100；	G00 Z100	Z 轴快速退刀，取消粗铣刀的长度补偿
N90	M05；	M05	主轴停转
N100	M00；	M00	程序暂停，手动换精铣刀
N110	M03 S1000 D2；	M03 S1000 T2 D1	主轴正转，速度为 800 r/min
N120	G54 G90 G00 G43 Z100 H02；	G54 G90 G00 Z100	Z 轴快速定位，调用 2 号刀具（精铣刀具）的长度补偿
N130	G00 X－10 Y－10；	G00 X－10 Y－10	刀具 X、Y 快速定位
N140	G01 Z－15 F100；	G01 Z－15 F100	Z 向下刀
N150	M98 P6011；	L6011	调用一次子程序，对轮廓进行精加工
N160	G00 Z100；	G00 Z100	抬刀
N170	M05；	M05	主轴停转
N180	M30；	M30	程序结束

表 3 - 28   自动倒角和倒圆指令编程应用 NC 子程序

段号	FANUC 系统程序	SINUMERIK 系统程序	程序说明
	O6011；	L6011. SPF	子程序名
N10	G91 G01 Z－5；	G91 G01 Z－5	相对坐标下刀 5 mm 深
N20	G90 G01 G41 X5 F100；	G90 G01 G41 X5 F100	绝对坐标建立刀具半径补偿
N30	Y75，C10；	Y75 CHR＝10	自动倒角
N40	X65，C10；	X65 CHR＝10	自动倒角

段号	FANUC 系统程序	SINUMERIK 系统程序	程序说明
N50	Y45，R10；	Y45 RND＝10	自动倒圆角
N60	X105，R10；	X105 RND＝10	自动倒圆角
N70	G02 X65 Y5 R40；	G02 X65 Y5 CR＝40	圆弧插补铣削
N80	G01 X－10；	G01 X－10	直线插补铣削
N90	G01 G40 Y－10；	G01 G40 Y－10	取消刀具半径补偿
N100	M99；	M17	子程序结束，返回主程序

3.2.4 FANUC 系统宏程序编程基础

在数控程序的编制中，宏程序是指含有变量的程序。因为它允许使用变量、运算以及条件功能，则使程序顺序结构更加合理。使用宏程序可以缩短程序，减少数控加工程序在机床中所占的内存；可以增强编程的灵活性；可以将有规律的曲线或曲面，不用借助于计算机应用软件，直接引用数学关系式将所需要的曲线、曲面加工出来，从而方便、简化了程序的编制。普通程序与宏程序的对比如表3－29所示。

表3－29 普通程序与宏程序的对比

普通程序	宏程序
只能使用常量编程	可以使用变量，通过给变量赋值实现变量编程
常量之间不可以运算	变量之间可以运算
程序只能顺序执行，不能跳转	程序运行可以跳转

1. 宏程序的变量

变量是指在一个程序运行期间其值可以变化的量。变量可以是常数或者表达式，也可以是系统内部变量。变量在程序运行时参加运算，在程序结束时释放为空。其中内部变量称为系统变量，是系统自带，也可以人为地为其中一些变量赋值，变量主要分为四种类型，如表3－30所示。

表3－30 变量

名称	变量
空变量	#0
局部变量	#1～#33
公共变量	#100～#199
	#500～#999
系统变量	#1000

1）空变量

该变量总是空，没有值能赋给该变量。

2）局部变量

局部变量只能用在宏程序中存储数据，例如运算结果。当断电时，局部变量被初始化为空。

3）公共变量

公共变量在不同的宏程序中的意义相同。当断电时，变量#100～#199 初始化为空。变量#500～#999 的数据保存，即使断电也不丢失。

4）系统变量

系统变量用于读和写 CNC 运行时各种数据的变化，例如，刀具的当前位置和补偿值。

2. 变量的赋值

赋值是指将一个数据赋给一个变量。如：#1 = 0，则表示#1 的值是 0。其中#1 代表变量，"#"是变量符号（注：根据数控系统不同，变量的表示方法可能有差别），0 就是给变量#1 赋的值。这里的"="号是赋值符号，起语句定义作用。赋值的规律有：

（1）赋值号两边的内容不能随意互换，左边只能是变量，右边只能是表达式。

（2）一个赋值语句只能给一个变量赋值。

（3）可以多次向同一个变量赋值，新变量值取代原变量值。

（4）赋值语句具有运算功能，它的一般形式为：变量 = 表达式。

（5）在赋值运算中，表达式可以是变量自身与其他数据的运算结果，如：#1 = #1 + 1，则表示#1 的值为#1 + 1，这一点与数学运算是有所不同的。

（6）赋值表达式的运算顺序与数学运算顺序相同。

（7）角度的单位要用浮点表示法，如 30°30″用 30.5 来表示。

（8）不能用变量代表的地址符有 O、N、:、/。其次，辅助功能的变量有最大值限制，比如将 M30 赋值 300 显然是不合理的。

3. 变量的运算

变量的运算有算术运算、逻辑运算和条件运算。

（1）算术运算主要是指加、减、乘、除、平方、函数等。

（2）逻辑运算又称布尔运算，包括与、或、非、异或等。

（3）条件运算可以理解为比较运算，它通常是指两个数值的比较关系。在宏程序中，主要是对两个数值的大小进行比较。

常用的算术与逻辑运算符如表 3 - 31 所示，表中列出的运算可以在变量中执行，赋值符号右边的表达式可包含常量或由函数和运算符组成的变量，表达式中的变量#j 和#k 可以用常数赋值。常用的条件运算符如表 3 - 32 所示。

表 3 - 31 常用的算术与逻辑运算符

运算符	功能	格式	运算符	功能	格式
+	加法	#i = #j + #k;	-	减法	#i = #j - #k;

运算符	功能	格式	运算符	功能	格式
*	乘法	#i = #j * #k;	/	除法	#i = #j/#k;
SIN	正弦	#i = SIN [#j];	ASIN	反正弦	#i = ASIN [#j];
COS	余弦	#i = COS [#j];	ACOS	反余弦	#i = ACOS [#j];
TAN	正切	#i = TAN [#j];	ATAN	反正切	#i = ATAN [#j];
SQRT	平方根	#i = SQRT [#j];	ABS	绝对值	#i = ABS [#j];
FIX	上取整	#i = FIX [#j];	FUP	下取整	#i = FUP [#j];
ROUNG	舍入	#i = ROUNG [#j];	LN	自然数	#i = LN [#j];
EXP	指数函数	#i = EXP [#j];	AND	与	#i = #jAND#k
OR	或	#i = #jOR#k;	XOR	异或	#i = #jXOR#k;
BIN	从 BCD 转为 BIN	#i = BIN [#j];	BCD	从 BIN 转为 BCD	#i = BCD [#j];

表 3-32　常用的条件运算符

运算符	含义	表达式
EQ	相等 [=]	#j EQ #k
NE	不等于 [≠]	#j NE #k
GT	大于 [>]	#j GT #k
GE	大于等于 [≥]	#j GE #k
LT	小于 [<]	#j LT #k
LE	小于等于 [≤]	#j LE #k

2. 宏程序的转移

1）条件跳转指令（GOTO 语句）

数控系统中的跳转指令主要起控制程序流向的作用，FANUC 系统的跳转指令主要为 GOTO 语句。

（1）无条件跳转 GOTO 语句。控制程序转移（跳转）到顺序号 n 所在位置。当顺序号超出 1~9 999 的范围时，产生 128 号报警。顺序号可用表达式指定。

格式：GOTOn；

n——（转移到的程序段）顺序号（1~9 999）。

例：

O0001；

N10 G00 G90 G54 X0 Y0；

…

N60 GOTO90；　　　　　　直接跳转到第 90 程序段，不执行 70~80 程序段

N70 G68 X0 Y0 P180;

N80 M98 P0002;

N90 G00 Z100;

N100 M02;

（2）IF 条件语句。在 IF 后指定一条件，当条件满足时，转移到顺序号为 n 的程序段，不满足则执行下一程序段，程序结构如图 3-54 所示。

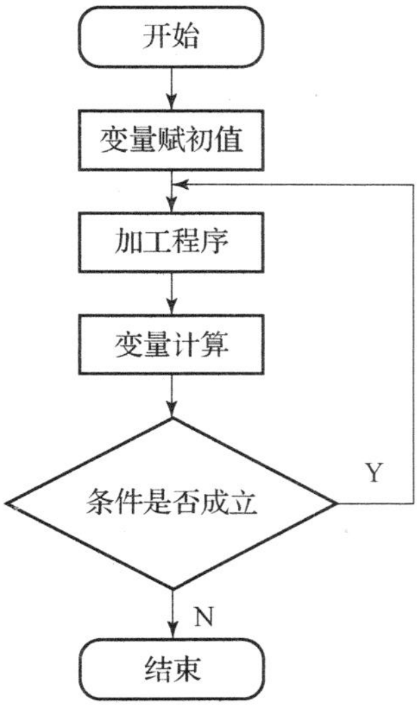

格式：IF［条件表达式］GOTOn；

n——（转移到的程序段）顺序号。

例：加工 50 mm×50 mm 的方形，铣削的高度为 20 mm，刀具为 $\phi12$ mm 的立铣刀。利用 IF 条件语句编制分层铣削循环程序，层高为 1 mm。

程序如下：

N10 G54 G90 G17 G00 X50 Y-35;

N20 S1000 M03;

N30 G00 G43 Z100 H01;

N40 G00 Z5;   定义层高变量#1 同时赋初值为 1 mm

N50 #1 = 1;

N60 G01 Z［-#1］F100;

N70 G01 G41 X30 Y-25 D01;   刀具半径补偿值为 6 mm

N80 X-25;

N90 Y25;

N100 X25;

N110 Y-35;

N120 G40 X50 Y-35;

N130 #1 = #1 + 1;

N140 IF［#1LE20］GOTO60;   程序段 50～140 段为一个循环体

N150 G00 Z150;

N160 M02;

（3）循环体嵌套。在同一个程序当中，允许有 1 个或者多个循环体。根据用户的需要，循环体在程序中存在的形式可以是串联布置，也可以是循环体嵌套。在 FANUC 系统中循环体最多可以嵌套 9 层，在不同的系统中规定不一，具体使用要参考相关说明书。

…

Nn1

…

Nn2

…

Nn9

…

图 3-54　宏程序结构

IF［条件表达式9］GOTOn9

…

IF［条件表达式2］GOTOn2

…

IF［条件表达式1］GOTOn1

…

2）循环语句

循环指令（WHILE 语句）即用 WHILE、DO 及 END 组成的循环指令。

指令格式：

WHILE［条件表达式］DOm（$m=1$、2、3）；

…

ENDm；

…

当满足条件表达式时，就循环执行 WHILE 与 END 之间的程序段，当不能满足条件表达式时，则执行 ENDm 的下一个程序段。

关于 WHILE 循环指令的几点说明：

（1）DOm 和 ENDm 必须成对使用；

（2）在 DO～END 循环中的标号可以根据需要多次使用，如图3-55 所示。

（3）DO 循环最多可进行 3 重嵌套，如图3-56（a）所示。

（4）DO 的范围不能交叉，如图3-56（b）所示。

（5）可控制程序跳到循环的外边，如图3-56（c）所示。

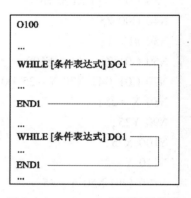

图3-55　WHILE 循环标号使用

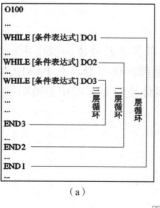

（a）

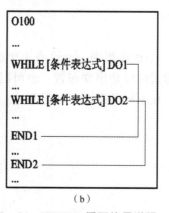

（b）

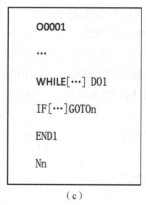

（c）

图3-56　WHILE 循环使用说明

（a）循环的嵌套；（b）循环不能交叉；（c）控制程序跳至循环的外面

3.2.5　FANUC 系统宏程序编程应用

1. 平面铣削宏程序编程案例

如图 3 –57 所示，利用宏程序分别采用环切法和平行法编制方形平面铣削加工程序，毛坯为 80 mm×80 mm 的平面，刀具为 ϕ12 mm 立铣刀。

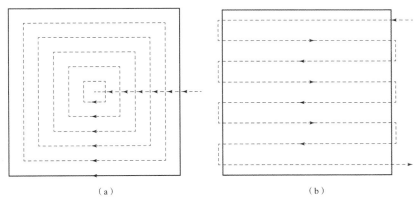

（a）　　　　　　　　　　　　（b）

图 3 –57　方形平面铣削

（a）环切法；（b）平行切法

1）零件的加工工艺分析

本任务的重点是平面铣削时刀具路线的制定、刀间距的确定、用变量来控制铣削平面的轨迹。通过平面铣削宏程序的编制，掌握宏程序结构、宏变量的定义使用，以及宏变量的算术、逻辑运算和条件表达式的使用。

（1）利用宏程序编制环形轨迹加工路线。工件坐标系的零点为 80 mm×80 mm 的毛坯中心。设定走刀路线刀间距为 7 mm（刀间距 $=10/\sqrt{2}$），如图 3 –57（a）所示。计算铣削 80 mm×80 mm 正方形需要走 6 ［（80/2 –7/2）/7 +1 =6.214…］次，最后 G01 X0 Y0 走到中间，整个平面就可以被刀具轨迹所覆盖。把 80 mm×80 mm 的正方形工件的边长设为一个变量，用宏程序来编制零件的铣面程序。

（2）利用宏程序编制平行轨迹加工路线。工件坐标系的零点为工件平面的右上角。设定走刀路线的刀间距为 12 –2 =10（mm），计算铣削 80 mm×80 mm 正方形需要走 8 次[（80 –10）/10 +1]，如图 3 –57（b）所示，整个平面就可以被刀具轨迹所覆盖。把 80 mm×80 mm 正方形工件的边长设为一个变量，用宏程序来编制零件的铣面程序。

2）零件的加工程序编制

（1）长方形零件平面铣削环形轨迹加工宏程序如表 3 –33 所示。

表 3 –33　长方形零件平面削宏环形轨迹铣加工程序

段号	FANUC 系统程序	SINUMERIK 系统程序	程序说明
	O4001；	SPM41	程序名
N10	G00 G90 G54 X55 Y0；	G00 G90 G54 X55 Y0	工件坐标系建立，将刀具快速移动到下刀点位

段号	FANUC 系统程序	SINUMERIK 系统程序	程序说明
N20	S1500 M03；	S1500 M03	主轴正转，速度为 1 500 r/min
N30	G43 Z50 H01 M08；	G00 Z50 T1 D1 M08	Z轴快速定位，调用 1 号刀具的长度补偿，开启切削液
N40	#1 = 40；	R1 = 40	定义变量#1/R1，同时赋值为 40（长方形长边的一半）
N50	#2 = 40；	R2 = 40	定义变量#2/R2，同时赋值为 40（长方形宽边的一半）
N60	Z2；	Z2	刀具快速移动至安全平面
N70	G01 Z−1 F100；	G01 Z−1 F100	切削进给至铣削平面
N80	G01 X［#1］Y0 F300；	LABEL1：G01 X = R1 Y0 F300	程序的目标段，切入工件
N90	X［#1］Y［−#2］；	X = R1 Y=− R2	切削进给
N100	X［−#1］Y［−#2］；	X =− R1 Y=− R2	切削进给
N110	X［−#1］Y［#2］；	X =− R1 Y = R2	切削进给
N120	X［#1］Y［#2］；	X = R1 Y = R2	切削进给
N130	X［#1］Y0；	X = R1 Y0	切削进给
N140	#1 = #1−7；	R1 = R1−7	变量#1/R1 的值减去 7 mm 再赋值给#1/R1（长方形长边的一半减去一个刀间距）
N150	#2 = #2−7；	R2 = R2−7	变量#2/R2 的值减去 7 mm 再赋值给#2/R2（长方形宽边的一半减去一个刀间距）
N160	IF［#2GT0］GOTO80；	IF R2 > 0 GOTOB LABEL1	IF 语句判断#2/R2 大于 0 成立时跳转至程序的目标段，不成立则向下执行
N170	G01 X0 Y0；	G01 X0 Y0	切削进给至工件（0，0）点
N180	G00 G49 Z−100；	G00 Z100	抬刀并取消刀具长度补偿
N190	M05；	M05	主轴停转
N200	M30；	M30	程序结束

（2）长方形零件平面平行轨迹铣削宏程序如表 3 - 34 所示。

表 3 - 34　长方形零件平面平行轨迹铣削宏程序

段号	FANUC 系统程序	SINUMERIK 系统程序	程序说明
	O4002；	SPM42	程序名

段号	FANUC 系统程序	SINUMERIK 系统程序	程序说明
N10	G00 G90 G54 X15 Y－5；	G00 G90 G54 X15 Y－5	工件坐标系建立，将刀具快速移动到下刀点位
N20	S1500 M03；	S1500 M03	主轴正转，速度为 1 500 r/min
N30	G43 Z50 H01 M08；	G00 Z50 T1 D1 M08	Z 轴快速定位，调用 1 号刀具的长度补偿，开启切削液
N40	#1 =－5；	R1 =－5	定义变量#1/R1，同时赋值为－5
N50	#2 =－15；	R2 =－15	定义变量#2/R2，同时赋值为－15
N60	Z2；	Z2	刀具快速移动至安全平面
N70	G01 Z－1 F100；	G01 Z－1 F100	切削进给至铣削平面
N80	G01 X2 Y［#1］F300；	LABEL2：G01 X2 Y＝R1 F300	程序的目标段，切入工件
N90	X－82 Y［#1］；	X－82 Y＝R1	切削进给 4D
N100	X－82 Y［#2］；	X－82 Y＝R1	切削进给
N110	X2 Y［#2］；	X2 Y＝R1	切削进给
N120	#1 = #1－20；	R1 = R1－20	变量#1/R1 的值减去 20 mm 再赋值给#1/R1
N130	#2 = #2－20；	R2 = R2－20	变量#2/R2 的值减去 20 mm 再赋值给#2/R2
N140	IF［#1GE－65］GOTO80；	IF R1 ＞＝－65 GOTOB LABEL2	IF 语句判断#2/R2 大于等于－65 成立时跳转至程序的目标段，不成立则向下执行
N150	G00 G49 Z－100；	G00 Z100	抬刀并取消刀具长度补偿
N160	M09；	M09	冷却关闭
N170	M30；	M30	程序结束

2. 公式曲线轮廓零件的数控铣削加工案例

加工如图 3－58 所示椭圆凸台工件，材料为 120 mm×75 mm 的 45 钢，椭圆的长半轴为 50 mm、短半轴为 30 mm，高度为 5 mm 的凸台。

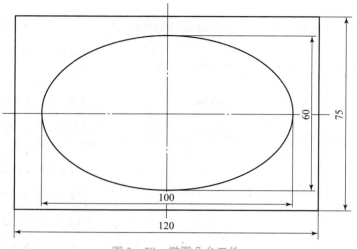

图 3-58　椭圆凸台工件

1）零件的加工工艺分析

在数控机床上加工椭圆时，是通过用椭圆参数方程进行宏程序编制，直线插补进行加工的。参数方程为 $\begin{cases} x = a\cos\theta \\ y = b\sin\theta \end{cases}$。

2）椭圆的宏程序编制

椭圆零件宏程序编制（采用 ϕ12 mm 立铣刀）如表 3-35 所示。

表 3-35　椭圆零件的宏程序

段号	FANUC 系统程序	SINUMERIK 系统程序	程序说明
	O4013；	SHT413	程序名
N10	G00 G90 G54 X75 Y0；	G00 G90 G54 X75 Y0	工件坐标系建立，将刀具快速移动到下刀点位
N20	S800 M03；	S800 M03	主轴正转，速度为 800 r/min
N30	G00 G43 Z100 H01 M08；	G00 Z100 T1 D1 M08	Z 轴快速定位，调用 1 号刀具的长度补偿，开启切削液
N40	Z2；	Z2	刀具快速移动至安全平面
N50	G01 Z-5 F100；	G01 Z-5 F100	切削进给至切削平面
N60	#1 = 0；	R1 = 0	定义变量#1/R1，同时赋值为 0
N70	#2 = ［50＋6］＊COS［#1］；	LABEL6：R2 = ［50＋6］＊COS［R1］	程序循环体目标段，计算椭圆 X 轴变量
N80	#3 = ［30＋6］＊SIN［#1］；	R3 = ［30＋6］＊SIN［R1］	计算椭圆 Y 轴变量

段号	FANUC 系统程序	SINUMERIK 系统程序	程序说明
N90	G01 X[#2]Y[#3] F100;	G01 X = R2 Y = R3 F100	切削进给
N100	#1 = #1 + 0.1;	R1 = R1 + 0.1	变量#1/R1 的值加上 0.1 再赋值给#1/R1
N110	IF [#1LE360] GOTO70;	IF [R1 <=360] GOTOB LABEL6	IF 语句判断#1/R1 小于等于 360 成立时跳转至程序的目标段,不成立则向下执行
N120	G01 X75 Y0;	G01 X75 Y0	退刀
N130	G00 G49 Z-100;	G00 Z100	抬刀并取消刀具长度补偿
N140	M09;	M09	冷却关闭
N150	M30;	M30	程序结束

3. 规律空间曲面轮廓零件的数控铣削加工案例

如图 3-59 所示球面类零件,已完成粗加工,现要求精加工零件的凸半球外形和凹半球内腔。使用 $R5$ mm 的球头铣刀铣 $R33$ mm、$R35$ mm的内外球面和 $R5$ mm 的过渡圆角。

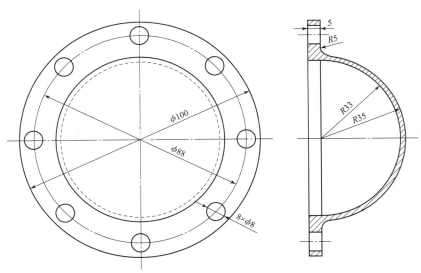

图 3-59 球面类零件图

1) 加工工艺分析

在精铣如图 3-59 所示零件的外球面和内球面时都是利用球头铣刀分层来铣削的,不同的是在铣削凸球面的时候,刀具的起刀位置不能从半球的位置开始加工。下面就以角度来控制球面的层高和截面圆弧的半径编制铣削球面的数控加工程序。在铣削外球面的时候，如图 3 - 60（a）所示用角度控制铣削时，起始角度应该从 7.18°开始加工。在加工凹球面的时候如图 3 - 60（b）所示，加工的起始角度就可以从 0°开始。

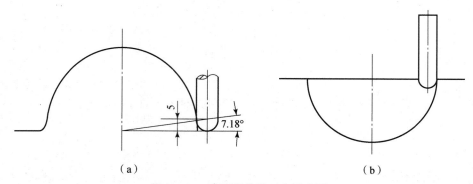

（a）　　　　　　　　　　　　　　（b）

图 3 - 60　球面零件起刀点示意图

（a）凸半球面起刀点；（b）凹半球面起刀点

2）程序编制

（1）凸半球面零件的宏程序编制，其宏程序如表 3 - 36 所示。

表 3 - 36　凸半球面零件的宏程序

段号	FANUC 系统程序	SINUMERIK 系统程序	程序说明
	O4011	SQM411	程序名
N10	G00 G90 G54 X60 Y0;	G00 G90 G54 X60 Y0	工件坐标系建立，将刀具快速移动到下刀点位
N20	S2200 M03;	S2200 M03	主轴正转，速度为 2 200 r/min
N30	G43 Z50 H01 M08;	G00 Z50 T1 D1 M08	Z 轴快速定位，调用 1 号刀具的长度补偿，开启切削液
N40	#1 = 7.18;	R1 = 7.18	定义变量#1/R1，同时赋值为 7.18
N50	Z2;	Z2	刀具快速移动至安全平面
N60	#2 = [35 + 5] * SIN[#1];	LABEL4: R2 = [35 + 5] * SIN[R1]	程序循环体目标段，计算高度变量
N70	#3 = [35 + 5] * COS[#1];	R3 = [35 + 5] * COS[R1]	计算圆弧半径的变量
N80	G01 X[#3] Y0 Z[#2] F300;	G01 X = R3 Y0 Z = R2 F300	切削至圆弧的起点
N90	G02 I[- #3]J0 F1000;	G02 I = - R3 J0 F1000	圆弧切削
N100	#1 = #1 + 0.5;	R1 = R1 + 0.5	变量#1/R1 的值减去 0.5 再赋值给#1/R1

段号	FANUC 系统程序	SINUMERIK 系统程序	程序说明
N110	IF[#1LE90] GOTO60;	IF [R1 < = 90] GOTOB LA-BEL4	IF 语句判断#1/R1 小于等于 90 成立时跳转至程序的目标段，不成立则向下执行
N120	G00 G49 Z-100;	G00 Z100	抬刀并取消刀具长度补偿
N130	M09;	M09	冷却关闭
N140	M30;	M30	程序结束

（2）凹半球面零件的宏程序编制，其宏程序如表 3 – 37 所示。

表 3 – 37　凹半球面零件的宏程序

段号	FANUC 系统程序	SINUMERIK 系统程序	程序说明
	O4012	SQM412	程序名
N10	G00 G90 G54 X0 Y0;	G00 G90 G54 X60 Y0	工件坐标系建立，将刀具快速移动到下刀点位
N20	S2200 M03;	S2200 M03	主轴正转，速度为 2 200 r/min
N30	G43 Z50 H01 M08;	G00 Z50 T1 D1 M08	Z 轴快速定位，调用 1 号刀具的长度补偿，开启切削液
N40	#1 = 0;	R1 = 0	定义变量#1/R1，同时赋值为 0
N50	Z2;	Z2	刀具快速移动至安全平面
N60	#2 = [33 - 5] * SIN[#1];	LABEL5：R2 = [33 - 5] * SIN[R1]	程序循环体目标段，计算高度变量
N70	#3 = [33 - 5] * COS[#1];	R3 = [33 - 5] * COS[R1]	计算圆弧半径的变量
N80	G01 X[#3] Y0 Z[- #2] F300;	G01 X = R3 Y0 Z = R2 F300	切削至圆弧的起点
N90	G02 I[- #3] J0 F1000;	G02 I = - R3 J0 F1000	圆弧切削
N100	#1 = #1 + 0.5;	R1 = R1 + 0.5	变量#1/R1 的值减去 0.5 再赋值给#1/R1
N110	IF [#1LE90] GOTO60;	IF [R1 < = 90] GOTOB LA-BEL5	IF 语句判断#1/R1 小于等于 90 成立时跳转至程序的目标段，不成立则向下执行
N120	G00 G49 Z-100;	G00 Z100	抬刀并取消刀具长度补偿
N130	M09;	M09	冷却关闭
N140	M30;	M30	程序结束

任务3.3　拨块零件的编程与加工

3.3.1　比例缩放指令——G50/G51

1. 功能

编程的形状被放大和缩小。使用 G51 指令可用一个程序加工出形状相同、尺寸不同的工件。如图 3-61 所示，用 X_、Y_和 Z_指定的尺寸可以放大和缩小相同或不同的比例。比例可以在程序中指定，还可以用参数指定。

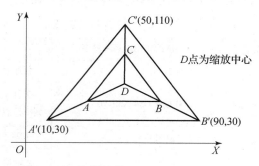

图 3-61　比例缩放（$\triangle ABC \rightarrow \triangle A'B'C'$）

2. 编程格式

沿所有轴以相同的比例缩放：

G51 X_　Y_　Z_　P_;	缩放开始
…	缩放有效方式的程序段
G50;	缩放取消

沿所有轴以不同的比例缩放：

G51 X_　Y_　Z_　I_　J_　K_;	缩放开始
…	缩放有效方式的程序段
G50;	缩放取消

说明及注意事项：

（1）坐标 X_、Y_、Z_指比例缩放中心的绝对坐标值；P_指缩放比例；I_、J_、K_指各轴对应的缩放比例。G50 为取消比例缩放指令。

（2）必须在单独的程序段内指定 G51，在图形放大或缩小之后，指定 G50 以取消缩放方式。

（3）在编写比例缩放程序过程中，要特别注意建立刀补程序段的位置，刀补程序段应写在缩放程序段内。比例缩放对于刀具半径偿值、刀具长度补偿值及刀具偏置值无效。（即有刀补时，先缩放，然后进行刀具长度补偿、半径补偿。）

（4）如果将比例缩放程序简写成"G51;"，则缩放比例由机床系统自带参数决定，缩放中心则指刀具中心当前所处的位置。

（5）比例缩放对固定循环中的 Q 值和 d 值无效。在比例缩放过程中，有时我们不希望进行 Z 轴方向的比例缩放，这时可以修改系统参数禁止在 Z 轴方向上进行比例缩放。

（6）在缩放状态下，不能指定返回参考点的 G 代码（G27、G28、G29、G30），也不能指定坐标系的 G 代码（G52～G59，G92）。若一定要指定这些代码，应在取消缩放功能后指定。

（7）在比例缩放中进行圆弧插补，如果进行等比例缩放，则圆弧半径也相应缩放相同的比例；如果各轴指定不同的缩放比例，则刀具也不会画出相应的椭圆轨迹，仍将进行圆弧的插补，当圆弧插补用半径 R 编程时，圆弧的半径根据 I、J、K 中的较大值进行缩放；当圆弧插补用 I、J、K 编程时，根据 I、J、K 中的较小值进行缩放，但缩放后终点不在半径上，包括一直线段。

（8）当各轴用不同的比例缩放，缩放比例为"–"时，可获得以比例缩放中心为对称中心的镜像加工功能，此时应遵循和注意镜像指令的相关规定的事项。

3. 指令应用

例如，在数控铣床上铣削如图 3 – 62 所示的叠加凸台外轮廓零件，材料为铝合金。毛坯尺寸 φ100 mm。其零件加工的参考程序如表 3 – 38、表 3 – 39 所示。

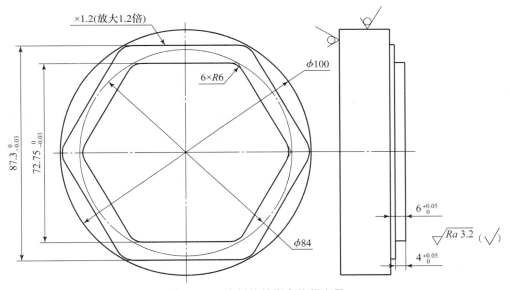

图 3 – 62　比例缩放指令编程应用

表 3 – 38　比例缩放指令编程应用 NC 主程序

段号	FANUC 系统程序	SINUMERIK 系统程序	程序说明
	O6030；	B6030. MPF	主程序名
N10	G54 G90 G94 G17 G40 G21 G49；	G54　G90　G94　G17　G40 G71	程序初始化
N20	M03 S800；	M03 S800	主轴正转，速度为 800 r/min

段号	FANUC 系统程序	SINUMERIK 系统程序	程序说明
N30	G00 X70 Y0；	G00 X70 Y0	刀具 X、Y 定位在（70，0）点
N40	G00 G43 Z100 H01；	G00 Z100 T1 D1	Z 轴快速定位，调用刀具的长度补偿
N50	G00 Z5；	G00 Z5	Z 向靠近工件
N60	G01 Z－4 F100；	G01 Z－4 F100	下刀至 Z－4 mm
N70	M98 P6031；	L6031	调用子程序加工小六边形
N80	G51 X0 Y0 P1200；	SCALE X1.2 Y1.2	可编程的比例系数，X，Y 方向放大 1.2 倍
N90	G00 G43 Z50 H01；	G00 Z50	Z 轴快速定位，调用刀具的长度补偿
N100	G00 Z5；	G00 Z5	Z 向靠近工件
N110	G01 Z－6 F100；	G01 Z－6 F100	下刀至 Z－6 mm
N120	M98 P6031；	L6031	调用子程序加工大六边形
N130	G50；	SCALE	取消可编程指令
N140	M05；	M05	主轴停转
N150	M30；	M30	程序结束

表 3－39　比例缩放指令编程应用 NC 主程序

段号	FANUC 系统程序	SINUMERIK 系统程序	程序说明
	O6031	L6031. SPF	子程序名
N10	G41　G01　X31.5　Y －18.187 F100 D01；	G41　G01　X31.5　Y －18.187 F100	建立刀具半径左补偿
N20	G01 X21 Y－36.373，R6；	G01 X21 Y－36.373 RND＝6	直线插补，自动倒圆角
N30	X－21，R6；	X－21 RND＝6	直线插补，自动倒圆角
N40	X－42 Y0，R6；	X－42 Y0 RND＝6	直线插补，自动倒圆角
N50	X－21 Y36.373，R6；	X－21 Y36.373 RND＝6	直线插补，自动倒圆角
N60	X21，R6；	X21 RND＝6	直线插补，自动倒圆角
N70	X42 Y0，R6；	X42 Y0 RND＝6	直线插补，自动倒圆角
N80	G01 X0 Y－72.746；	G01 X0 Y－72.746	直线插补，退刀
N90	G01 G40 X70；	G01 G40 X70	取消刀具半径左补偿
N100	G00 Z100；	G00 Z100	Z 向抬刀
N110	M99；	M17	结束子程序

参 考 文 献

［1］裴炳文．数控加工工艺与编程［M］．北京：机械工业出版社，2015.

［2］宋理敏，张子祥．刀具长度补偿参数的设定方法［J］．机械工程与自动化，2009，12：168－170.

［3］陈华，陈炳森．零件数控铣削加工［M］．北京：北京理工大学出版社，2010.

［4］李家杰．加工中心培训教程［M］．北京：机械工业出版社，2015.

［5］宋凤敏，时培刚，宋祥玲．数控铣床编程与操作［M］．北京：清华大学出版社，2020.

［6］肖军民．UG数控加工自动编程经典实例［M］．北京：机械工业出版社，2011.